Antje Bek

AF221939

Bruchrechnen begreifen

Ein kreativer Kurs für die Unterrichtspraxis

Antje Bek war 16 Jahre als Klassen- und Sportlehrerin an einer Waldorf-schule im Ruhrgebiet tätig, bevor sie Dozentin am Waldorf Institut Witten Annen wurde. Dort hat sie jahrelang die duale Klassenlehrerausbildung geleitet, ihre Schwerpunkte waren Anthroposophie, Mathematik und Naturkunde. Im Rahmen der Praxis-Ausbildung begleitete sie Studierende an zahlreichen Waldorfschulen. Heute lebt sie als freischaffende Autorin und Dozentin. Ergänzende Informationen und Downloads auf **www.antje-bek.de**

Antje Bek

Bruchrechnen begreifen

Ein kreativer Kurs für die Unterrichtspraxis an Waldorfschulen

1. Auflage

Bibliografische Information der Deutschen Nationalbibliothek:
Die Deutsche Nationalbibliothek verzeichnet diese Publikation in der Deutschen Nationalbibliografie; detaillierte bibliografische Daten sind im Internet über http://dnb.dnb.de abrufbar.

Herstellung und Verlag: BoD – Books on Demand, Norderstedt

ISBN: 978-3-7534-4494-9

Inhaltsverzeichnis

Warum dieses Buch?

Vorausgeschickt: Da die überwiegende Zahl der Lehrpersonen in den unteren Klassen Frauen sind, wird wegen der besseren Lesbarkeit ausschließlich die weibliche Form gewählt, Lehrer sind immer mit gemeint. Für die Schülerinnen und Schüler wird ausschließlich die männliche Form verwendet, sie bezieht sich aber auf Personen beiderlei Geschlechts.

„Bruchrechnen – das ist ja etwas sehr Abstraktes." So die Aussage eines erfahrenen Kollegen. Und das scheint ja auch zu stimmen. Nicht nur die Schüler haben damit häufig bis in die Oberstufe hinein zu kämpfen. Auch bei meiner Arbeit mit Studierenden am Institut für Waldorf-Pädagogik Witten-Annen zeigte sich, dass relativ viele das Bruchrechnen nicht wirklich verstanden hatten. Dagegen spricht nicht, dass sie Bruchrechenaufgaben unter Anwendung der bekannten Regeln richtig lösen konnten. So schreibt Michael Gaidoschik, Professor für Didaktik der Mathematik im Primarbereich an der Freien Universität Bozen: „Für nicht wenige Kinder ist Bruchrechnen in der Sekundarstufe ein Manipulieren mit Zahlen nach undurchschaubaren Handlungsvorschriften: ‚Da muss ich die Zahl oben mal der Zahl vorne, unten bleibt gleich.' ‚Da muss ich oben und unten mit derselben Zahl, usw. usf.'[1]"

Aber warum schlägt Rudolf Steiner dann das Bruchrechnen für die 4. Klasse vor, wenn es etwas so Abstraktes ist? Die am häufigsten von mir gehörte Aussage, d.h. Begründung dafür war: Nach dem so genannten „Rubikon", also nach dem so entscheidenden Entwicklungsschritt ungefähr im 9. Lebensjahr des Kindes, hat das Kind den Zerfall der Einheit erlebt. Hat es sich vorher noch als Teil eines Ganzen empfunden, fühlt es sich jetzt getrennt, getrennt von seiner Umgebung, von den ihm so vertrauten Menschen wie Mutter, Vater oder Geschwistern, getrennt von der Lehrerin oder den Mitschülern, getrennt von der Natur. Es erlebt die Dualität: Hier bin ich, da ist der andere oder das andere. Es stellt sich seiner Umgebung empfindungsmäßig *gegenüber* und ist nicht mehr fraglos mit ihr verbunden.

Beim Umgang mit Brüchen – so die häufige Begründung – erlebe das Kind nun dasselbe, aber im Bilde. Das Ganze wird zerbrochen. Es erkennt sein eigenes

Erlebnis sozusagen wieder, seine eigene Situation. Nach dem Erlebnis der Trennung hat das Kind nun die Möglichkeit, sich in ein neues Verhältnis zur Welt setzen. Dieser Prozess könne durch das Bruchrechnen unterstützt werden, da wir es bei Brüchen immer mit Bezugsgrößen zu tun haben. So wie jeder Bruch ein Verhältnis zum Ganzen hat, kann auch das Kind ein neues Verhältnis zum „Ganzen", d.h. zur Welt aufbauen. Diese Erläuterung war mir durchaus sehr einsichtig, aber eine *ausreichende* Begründung war das für mich nicht. Ich dachte mir, man könne das Kind den „Bruch" der Einheit beim Bruchrechnen durchaus erleben lassen sowie anschließend die Bruchteile zum Ganzen in Beziehung setzen. Jedoch müsse das doch nicht bedeuten, so viel Zeit damit zu verbringen. Warum überhaupt sollte man das Kind ab dem 10. Lebensjahr mit Brüchen *rechnen* lassen, wenn es doch ein solch abstraktes Thema ist? Mit einem erwachenden Abstraktionsvermögen rechnen wir zudem in der Regel erst im 12. Lebensjahr, also in der Zeit der Vorpubertät.

Ich fand bisher nur drei Stellen in Rudolf Steiners Werk, an denen er über das Bruchrechnen im Schulunterricht gesprochen hat. Auf diese Stellen werde ich noch eingehen. Eine Begründung von ihm, warum das Bruchrechnen für die 4. Klasse besonders geeignet ist, fand ich nicht.

An zwei der genannten Stellen gibt Rudolf Steiner praktische Hinweise für das zu verwendende Rechenmaterial und schlägt u.a. vor, mit verschiedenen Farben bemalte Würfel zu verwenden. Man könne damit „in verschiedenen Methoden" schon außerordentlich viel veranschaulichen.[2]

Das führte mich zu der Bitte an den damaligen Werklehrer der Rudolf-Steiner-Schule Dortmund (vielen Dank, lieber Michael!), unterschiedlich große farbige Würfel herzustellen. Ich arbeitete dann mit diesem einen Satz in erster Linie als Demonstrationsmaterial im Unterricht meiner damaligen 4. Klasse. Bald schon bemerkte ich, welche Möglichkeiten sich darin verbargen, ließ die Schüler selbst jedoch weiterhin in erster Linie rechteckiges und rundes Papier als Anschauungsmaterial benutzen. Wenn es Schüler besonders schwer hatten zu begreifen, griff ich aber immer mal wieder auf die Würfel zurück.

Als ich dann am Institut für Waldorf-Pädagogik mit Studierenden zum ersten Mal das Bruchrechnen bearbeitete, bemerkte ich wieder, wie einfach man doch viele Aspekte des Bruchrechnens mit den Würfeln darstellen kann. In den nächsten Kursen ließ ich die Studierenden dann jeweils für sich einen Satz Würfel aus stärkerem Papier herstellen (s. Schnittmuster für die Würfel im Anhang). Nun konnte jede/r Studierende selbst mit den Würfeln arbeiten und ich konnte mit ihnen viele verschiedene handlungsbasierte Aufgabenstellungen entwickeln, die mit den Würfeln zu lösen waren. Im Verlauf der folgenden Kurse kamen von den Studierenden immer neue Anregungen und Fragen, die uns noch tiefer in das Gebiet des Bruchrechnens eintauchen ließen.

Auf diese Weise war es im Laufe der Zeit möglich, alle Phänomene des Bruchrechnens zu durchschauen. Alle Rechenarten (auch die Division) sowie das Erweitern und Kürzen können mit den Würfeln oder auch anderem Rechenmaterial veranschaulicht und damit durchschaubar gemacht werden. Ein rein phänomenologischer Zugang zum Bruchrechnen ist möglich. Auf diese Weise kann das Bruchrechnen zu etwas ganz Konkretem werden und muss nichts Abstraktes bleiben. Allen meinen Studierenden möchte ich hiermit ganz herzlich danken! Ohne Euch wäre dieses Buch nie entstanden!

Bruchrechenwürfel aus farbigen Papier

Zum Anliegen dieses Buches

Dieses Buch möchte in erster Linie ein Arbeitsbuch für die Unterrichtspraxis von Lehrerinnen sein, die das Bruchrechnen als Thema behandeln wollen. Es beginnt mit einem Grundlagenteil, in dem die menschenkundlichen bzw. entwicklungspsychologischen Grundlagen ebenso behandelt werden wie Grundlagen, die für das Verständnis der Lehrerin bei der Einführung des Bruchrechnens im Unterricht hilfreich sein können. Es bezieht sich im praktischen Teil vor allem auf die Einführung neuer Begriffe sowie die Einführung der Rechenarten beim Bruchrechnen mit ihren dazu gehörigen Rechenregeln. Dabei wird insbesondere auf die Handlungsebene, d.h. den Umgang mit konkretem Rechenmaterial, intensiv eingegangen. Es enthält zudem Anregungen, wie man aus dem, was die Kinder durch den Umgang mit dem Rechenmaterial erlebt haben, die Begriffe bzw. Rechenregeln gemeinsam mit ihnen entwickeln bzw. entdecken kann. Viel Wert wird auf den Weg „vom Konkreten" zum „Begriff bzw. Gesetz" gelegt, denn selbstverständlich ist es ein wesentliches Ziel, dass die Schüler Bruchrechenaufgaben mathematisch lösen können.

Die Erläuterungen zu den einzelnen Rechenarten dienen der Beschäftigung der Lehrerin mit dem Unterrichtsstoff, d.h. sie sollen ihr helfen, sich auf den Unterricht vorzubereiten. Sie können ihr aber auch Anregung für den Unterricht selbst geben. Am schönsten ist es, wenn man selbst zur Forscherin wird und alles einmal ausprobiert (Kopiervorlagen für die Herstellung der Würfel aus Papier sind im Anhang zu finden)! Aus eigener Erfahrung kann ich sagen, dass das mit den Würfeln sehr einfach geht. Es soll damit nicht gesagt werden, dass man nur mit den Würfeln arbeiten kann oder gar muss. Im Gegenteil, manchmal eignet sich Papier im Unterricht sogar besser! Im Prinzip ist jeder Gegenstand geeignet, der sich in gleich große Teile zerlegen lässt, siehe dazu auch das Kapitel „Rechenmaterial".

Dieses Buch will keine „Rezepte" für ganze Unterrichtsstunden geben und es enthält keine Sammlung von Aufgabenblättern oder Rechenaufgaben. Diese kann man heute im Internet oder in guten Schulbüchern[3] finden. Neben der Anregung zur eigenen Beschäftigung mit dem Thema „Bruchrechnen" möchte es jedoch die Leserin auch urteilsfähiger gegenüber bereits vorgefertigten

Aufgabenblättern machen. Es soll hiermit nicht gegen dieselben gesprochen werden. Jedoch sollen der Lehrerin Gesichtspunkte für die Frage an die Hand gegeben werden, welche Aufgabenblätter bzw. -formate ihren Unterrichtszielen dienen könnten. Zudem möchte es Anregungen geben, wie sie selbst Aufgabenblätter anfertigen kann, die genau zu *ihrem* Unterricht passen.

Insbesondere hat dieses Buch dann sein Ziel erreicht, wenn durch den Umgang mit dem Material bei Lehrerinnen und Kindern die Entdeckerfreude geweckt wird!

GRUNDLAGEN
Bruchrechnen in der 4. Klasse – warum und wie?

Rudolf Steiner selbst hat – wie bereits erwähnt – keine Begründung für die Einführung des Bruchrechnens in der 4. Klasse gegeben. In seinen Lehrplanvorträgen[4] führt er ziemlich lapidar gegenüber den zukünftigen Waldorflehrerinnen und -lehrern aus: „Im vierten Schuljahr wird das fortgesetzt, was in den ersten Schuljahren gepflogen worden ist. – Aber jetzt müssen wir übergehen zur Bruchlehre und namentlich zur Dezimalbruchlehre." Es wird deutlich, dass auf jeden Fall jetzt im 4. Schuljahr, nach dem Rubikon, im Mathematikunterricht – wie übrigens in allen anderen Fächern auch – ein neuer Einschlag kommen soll. Aber warum ausgerechnet das so „schwierige" Bruchrechnen? An staatlichen Schulen steht es erst in der 6. Klasse auf dem Lehrplan, oft eine Hürde für Quereinsteiger, die in der 5. Klasse von der staatlichen Schule zur Waldorfschule wechseln.

Rudolf Steiner hat dann noch einmal 1920 in Basel in öffentlichen Vorträgen vor Lehrerinnen und Lehrern über das Bruchrechnen gesprochen. Dort macht er darauf aufmerksam, dass wir es beim Bruchrechnen von vornherein mit einem analytischen Element zu tun haben[5]. Da dies anders sei als bei den ganzen Zahlen, wäre für den Umgang mit Brüchen auch eine andere Unterrichtsmethode einzuführen als beim Rechnen mit gewöhnlichen Zahlen. Um diese Aussage besser verstehen zu können, sei zunächst dargestellt, was mit dem Analytischen bzw. Synthetischen gemeint ist, welche Art des Denkens beim Kinde gefördert werden solle und warum.

Während der Baseler Vorträge hält Rudolf Steiner zu diesem Thema einen ganzen Vortrag[6]. Daraus seien nun wesentliche Gesichtspunkte wiedergegeben.

Analytisches und synthetisches Vorgehen

Der Unterschied zwischen dem analytischen und synthetischen Vorgehen bzw. Denken im Mathematikunterricht ist vielen Lehrerinnen bereits aus dem Anfangsrechnen bekannt. Wir können den Kindern bei der Addition zwei unterschiedliche Aufgabenformate geben. Die erste ist die bekanntere:

7 + 3 =   Synthetisches Vorgehen

Oder die zweite Möglichkeit:

10 =   Analytisches Vorgehen

Im ersten Beispiel haben wir zwei Mengen und wir gehen synthetisch vor, wenn wir sie vereinigen. Im zweiten Beispiel haben wir eine Menge und teilen sie in verschieden große Mengen auf. Im ersten Beispiel gibt es nur eine richtige Lösung, nämlich „10", im zweiten Beispiel gibt es viele Möglichkeiten, z.B.

10 = 5 + 5

10 = 1 + 2 + 3 + 4

10 = 1 + 1 + 1 + 1 + 1 + 1 + 1 + 1 + 1 + 1

usw.

Es wird schon anhand dieser wenigen Beispiele deutlich, wo der Unterschied liegt: Die erste Aufgabenstellung fordert eine bestimmten Antwort, es gibt nur eine richtige Lösung, bei der zweiten sind viele Lösungen möglich. Das bewirkt, ja erfordert Kreativität; durch das darin liegende Freiheitsmoment entsteht zudem Differenzierung. Kinder können ihre unterschiedlichen Fähigkeiten und auch Vorlieben einsetzen.

In besagtem Vortrag wählt Rudolf Steiner zur Verdeutlichung der Unterschiede Beispiele aus der Mathematik und dem Schreib- bzw. Sprachunterricht. Wir wollen uns hier auf die Mathematik beschränken.

Er setzt das analytische und synthetische Vorgehen in Beziehung zum Seelenleben des Menschen überhaupt. Immer dann, wenn wir Oberbegriffe bilden (z.B. Hund) ist das ein synthetisches Vorgehen, d.h. wir fassen Einzelnes (z.B. unterschiedliche Hunderassen) zu einem Ganzen, nämlich dem Begriff „Hund", zusammen. Wir sind aber sozusagen durch die Umgebung, durch die Gegebenheiten wie von außen veranlasst, diese Oberbegriffe auf eine bestimmte Art und Weise zu bilden.

Rudolf Steiner sagt: „Beim Synthetisieren bin ich durch die Außenwelt genötigt, in einer bestimmten Weise mein Seelenleben zu entfalten."[7] Diese „bestimmte Weise" wird auch bei der Rechenaufgabe 7 + 3 = 10 von uns gefordert, es gibt eben nur eine richtige Lösung.

Auf das Analysieren kommt er zu sprechen, indem er auf eine tief im Unbewussten des Menschen ruhende weitere Seelentätigkeit hinweist. Diese Seelentätigkeit bezeichnet er sogar als einen „Trieb", der immer von der Einheit in eine Geteiltheit übergehen will. Als Beispiel aus dem Leben nennt er die Betrachtung einer gewissen Erscheinung, z.B. das frühe Aufstehen, von nur einem Gesichtspunkt aus. Man kann das frühe Aufstehen betrachten unter dem Gesichtspunkt der frühmorgendlichen Arbeit oder dem Gesichtspunkt, ob man morgens früh gerne aufsteht usw. Während man etwas von einem Gesichtspunkt aus betrachtet, lässt man alle anderen Gesichtspunkte weg. So analysieren wir die Erscheinungen der Welt.

Rudolf Steiner führt nun die heutige materialistische Weltauffassung darauf zurück, dass man in der Schule zu wenig dem innersten Trieb des Kindes, nämlich dem Analysieren, entgegenkomme. Dadurch – so meint er – komme dieser Trieb im Erwachsenenleben viel zu stark zum Tragen, da er in der Kindheit unbefriedigt bliebe. Man hole dies später nach und führe daher alle Erscheinungen der Welt auf allerkleinste Teilchen zurück, aus denen diese sowie alle ihre Erscheinungen zusammengesetzt seien. Damit habe man das Ganze analysiert.

Wäre das Analysieren in der Schule stärker praktiziert worden, würden die Menschen gar nicht eine solche Sympathie für eine derartige Weltanschauung haben. Daher sei es so wichtig, z.B. beim Rechnen *zunächst* vom *Analysieren* auszugehen und erst *später* das Synthetisieren dazu zu nehmen, so im Vortrag vom 5. Mai 1920. Bezugnehmend auf das Analysieren fügt er hinzu: „Das ist so wichtig, dass man diese Freiheit des Willens mit den Kindern entwickelt."[8]

Mathematikunterricht kann also Erziehung zur Freiheit sein!

Schlussfolgerungen für die Methode

Mit seiner Bemerkung zum Bruchrechnen am 11. Mai 1920 nimmt er auf seinen Vortrag vom 5. Mai 1920 Bezug und verdeutlicht, dass das Bruchrechnen per se das analytische Element in sich trage. „Ich will Sie darauf aufmerksam machen, dass ja in dem Augenblicke, wo wir vom Rechnen von ganzen Zahlen zum Rechnen mit Brüchen übergehen, wir ganz naturgemäß ins Analysieren hineinkommen, denn Zahlen bis zu Brüchen verfolgen, heißt eben analysieren; ...“[9]

Auf der Handlungsebene bedeutet das: Wenn wir Brüche „herstellen“ wollen, müssen wir immer ein Ganzes zerteilen, wir *müssen* die Einheit bzw. das Ganze analysieren. Bei natürlichen Zahlen ist das nicht der Fall.

In dem Vortrag vom 11. Mai 1920 in Basel spricht er nun weiter über ganze bzw. natürliche Zahlen und Brüche. Er weist darauf hin, dass es in der Schule nicht darum gehen kann, den Kindern in diesem Zusammenhang alles bis ins letzte Detail anschaulich erklären und verständlich machen zu wollen, das könne man getrost den Philosophen überlassen.

Er macht aber im Zusammenhang mit den natürlichen Zahlen auf ein ihm sehr wichtiges methodisches Vorgehen im Anfangsunterricht aufmerksam. Im zweiten Lehrplanvortrag des Vorbereitungskurses für die neuen Waldorflehrerinnen und Waldorflehrer hatte er das folgendermaßen formuliert: „Dann aber beginne man, wenn das Kind mit dem Zahnwechsel fertig ist, ja gleich damit, es das Einmaleins lernen zu lassen, und meinetwillen sogar das Einspluseins; wenigstens, sagen wir, bis zur Zahl 6 oder 7. Also das Kind möglichst früh das Einmaleins und Einspluseins einfach gedächtnismäßig lernen zu lassen, nachdem man ihm nur prinzipiell erklärt hat, was das eigentlich ist, es prinzipiell an der einfachen Multiplikation erklärt hat, die man so in Angriff nimmt, wie wir das gesagt haben[10]. “[11]

Rudolf Steiner wird in verschiedenen Vorträgen nicht müde, darauf hinzuweisen, dass man dem Kind im Anfangsrechnen nicht alles (immer wieder) veranschaulichen bzw. erklären solle, sondern mit der Mathematik zu Beginn des 2. Jahrsiebts insbesondere auch das Gedächtnis schulen könne. Allerdings müssten die Kinder vorher einen Zahlbegriff und auch einen anfänglichen Begriff der einzelnen Rechenoperationen, hier der Multiplikation, ausgebildet haben. Für beides würden im Prinzip die 10 Finger an der Hand genügen, so im Vortrag am 11. Mai 1920 in Basel. Später könne das Kind dann das, was es zunächst mehr gedächtnismäßig aufgenommen hat, mit wirklichem Verständnis durchdringen, eben dann, wenn es dafür reif geworden ist. Für das Bruchrechnen soll aber jetzt eine andere Methode gelten.

Die folgenden Ausführungen werden wegen ihrer Bedeutung in Gänze wiedergegeben: „Weil das Entstehen des Bruches gewissermaßen etwas Analytisches ist, muss man diesem analytischen Bedürfnis, das ich in den vorigen Stunden erwähnt habe, entgegenkommen. Daher ist es gut, die Bruchrechnung *so anschaulich wie möglich* zu machen. Das kann vielleicht gerade dadurch geschehen, dass man einen großen Würfel teilt in kleine Würfel – sagen wir, einen großen Würfel teilt in sechzehn Würfel, dadurch übergeht zu dem Begriff des Viertels zuerst, indem man ihn in vier Teile teilt, dann jedes Viertel wiederum in vier. Man kann ja sehr hübsch allerlei Beziehungen der Sechzehntel, Achtel und so weiter den Kindern klarlegen, wenn man Würfel teilt. Wendet man dann später dazu verschiedene Farbgebung der Teile an, dann kann man, indem man die gegliederten Würfel wiederum zusammensetzt in verschiedene Methoden, schon daran außerordentlich viel anschaulich machen."[12]

Rechenwürfel aus Holz

Was bedeutet es, dass im Bruchrechnen alles so anschaulich wie möglich gemacht werden soll? Damit kann doch nur so gemeint sein, dass das Kind beim Bruchrechnen alles so gut wie möglich mit Verständnis durchdrungen haben sollte. Es geht also beim Bruchrechnen *nicht* darum, sich nur anfänglich Begriffenes bzw. Veranschaulichtes gedächtnismäßig anzueignen.

Für das Bruchrechnen müsste das auf jeden Fall bedeuten, dass das Kind ein grundlegenderes Verständnis z.B. für die Rechenregeln entwickelt haben sollte, bevor es diese (gedächtnismäßig) auf Rechenaufgaben anwendet. Und zur Veranschaulichung schlägt Rudolf Steiner Würfel vor.

Die Frage, warum Bruchrechnen gerade oder schon in der 4. Klasse eingeführt werden soll, scheint mir hiermit aber noch keine ganz befriedigende Antwort bekommen zu haben. Im folgenden Kapitel soll eine mögliche Antwort auf diese Frage gegeben werden; dazu beschäftigen wir uns zunächst mit einigen Phänomenen des Bruchrechnens.

Phänomene des Bruchrechnens – anders Denken

Frage: „Was sehen Sie?"
Antwort: „Was für eine Frage, einen Würfel."

Frage:	„Was sehen Sie jetzt?"
Antwort(en):	„Zwei Würfel."
oder:	„Einen achtel Würfel!"

An dieser Stelle bemerkt man, was sich durch das Bruchrechnen ändert. Wir beginnen anders zu denken! Wir nennen den blauen Würfel einmal *einen* Würfel und einmal *einen achtel* Würfel obwohl sich weder an Gegebenheiten noch an unserer Wahrnehmung etwas verändert hat. Beide Antworten auf die Frage zur zweiten Abbildung sind richtig. (Ganz korrekt wäre die Antwort: „Einen ganzen Würfel und einen achtel Würfel.") Bei der ersten Antwort „zwei Würfel" bewegen wir uns im Bereich der natürlichen Zahlen. Bei der zweiten Antwort bewegen wir uns im Bereich der Brüche. Wir beziehen nun den kleineren Würfel auf den größeren Würfel, wir setzen ihn zum Ganzen ins Verhältnis, dann ist er ein Achtel des großen Würfels. Wir können ihn aber auch selbst als ein Ganzes betrachten, dann haben wir zwei ganze Würfel, einen kleinen und ein großen.

Dafür sei noch ein anderes Beispiel gegeben. In seinen Vorträgen in Torquay 1924 gibt Rudolf Steiner mehrere Beispiele, wie die Zahlen aus den Begriffen der „Einheit", „Zweiheit" etc. eingeführt werden können. Zur Verdeutlichung zeichnet er Folgendes an die Tafel[13]:

Er macht nun darauf aufmerksam, dass wir zunächst eine „Einheit" haben, die wir im nächsten Schritt unterteilen und dann entsteht daraus eine „Zweiheit", die aber ersichtlich aus der Einheit hervorgegangen ist. Nun teilt man anders ab und erhält eine Dreiheit und noch einmal anders erhält man eine Vierheit, jeweils aus der Einheit hervorgegangen. „Auf diese Weise kann man die Vorstellung hervorrufen, dass die Einheit eigentlich das Umfassende ist, dasjenige, was die Zweiheit, die Dreiheit, die Vierheit zusammenfasst. Wenn man auf diese Weise zählen lernt (siehe Schema) 1, 2, 3, 4 und so weiter, werden die Begriffe des Kindes lebendig."[14] Und er zeigt an diesem Beispiel auch, wie das Analytische in die Einführung des Zahlbegriffs einfließen kann.

Wenn wir uns jetzt die obige Zeichnung noch einmal anschauen, können wir auch *anders* darüber denken: Zunächst haben wir das Ganze, dann haben wir zwei Halbe, dann drei Drittel, dann vier Viertel. Es ist wieder dasselbe Phänomen: Einmal sagen wir 1, 2, 3, 4 bzw. Einheit, Zweiheit, Dreiheit usw., ein andermal sprechen wir vom Ganzen, von Halben, Dritteln und Vierteln.

Im ersten Fall handelt es sich um die Bezeichnung einer konkreten sinnlichen Wahrnehmung, im zweiten Fall setzen wir die eine Wahrnehmung in Beziehung zu einer anderen Wahrnehmung (also die Teile in Beziehung zum Ganzen).

Es kommt also darauf an, wie wir über Dinge denken! Und die Art des Denkens kann sich jetzt im 4. Schuljahr verändern, um nicht zu sagen: Sie muss sich verändern, wenn die Kinder mit dem Bruchrechnen etwas anfangen können sollen! Anders über sich und die Welt zu denken und zu fühlen, das ist es, was die Kinder jetzt nach dem Rubikon sowieso tun und auch können! Sie können nun mit größerem Abstand auf dasjenige schauen, in dem sie vorher wie selbstverständlich gelebt haben. So können sie nun eine andere Perspektive einnehmen und z.B. aus der Vogelperspektive auf sich und ihre Umgebung blicken, sie können sich vorstellen, wie das von oben aussieht, was dann für das erste Kartenzeichnen in der Heimatkundeepoche benötigt wird. Diese neu erwachte Fähigkeit wird nun also auch durch das Bruchrechnen aufgegriffen und weiterentwickelt.

Das ist meiner Ansicht nach ein wesentlicher Grund dafür, warum das Bruchrechnen bereits im 4. Schuljahr eingeführt werden soll.

Allerdings bleibt es beileibe nicht bei den oben gezeigten Herausforderungen, wenn man sich mit den Schülern dem Bruchrechnen nähert.

Alles ganz anders beim Bruchrechnen

- *Zahlwörter*
  Bisher sind die Kinder gewohnt, dass es für eine bestimmte Menge ein Zahlwort gibt, z.b. „Drei".
  Ein Bruch besteht dagegen immer aus zwei Zahlwörtern, wobei an das zweite Zahlwort immer noch ein ‚tel' angehängt werden muss, z.b.: „Vier Sechzehn*tel*" (Ausnahmen gibt es bei: Halbe/s, Drittel).

- *Ziffern und Symbole*
  Bisher stand eine Ziffer für eine Zahl. Mit der Einführung des Bruchrechnens kann die Ziffer „4" jedoch „Vier" oder „Viertel" bedeuten, je nachdem, ob sie über oder unter dem Bruchstrich steht.[15]
  Zudem stand bisher für eine Zahl eine Ziffer bzw. eine Ziffernfolge. Nun wird auf der Symbolebene[16] eine Zahl, d.h. ein Bruch mit drei Zeichen dargestellt: Zähler, Bruchstrich, Nenner.

- *Große Zahl, kleiner Wert*
  Eine große Zahl kann nun „klein" bedeuten: Wenn der Nenner z.B. von 4 auf 8 verdoppelt wird, wird das einzelne Bruchstück nicht größer, sondern kleiner,
  Beispiel: $\frac{1}{4} > \frac{1}{8}$

- *Große Zahl, großer Wert*
  Beim Zähler ist es allerdings im selben Falle so, dass es „mehr" wird, man hat nun mehr Stücke als vorher,
  Beispiel: $\frac{4}{16} < \frac{8}{16}$

- *Eine Zahl, verschiedene Zahlnamen*

  Eine Zahl kann verschiedene Zahlnamen haben, denn jede Bruchzahl kann durch unendlich viele verschiedene Brüche bzw. Darstellungen, die den gleichen Wert, d.h. die gleiche Größe haben, dargestellt werden.

  Beispiel: $\frac{1}{2} = \frac{35}{70} = 0,5 = \frac{167}{334} = 50\%$

  d.h. für die gleiche „Größe" gibt es unterschiedliche Zahlen!

- *Multiplikation: Es wird weniger!*

  Bisher sind es die Kinder gewohnt, dass wir durch Multiplikation mehr von der Ausgangsmenge (Multiplikand) erhalten als vorher, Beispiel: $3 \cdot 4$ kg = 12 kg.

  Bei der Multiplikation mit einem Bruch ist das Multiplikationsergebnis jedoch kleiner als die Ausgangsmenge.

  Beispiel: $\frac{1}{4} \cdot 4$ kg = 1 kg .

  Damit ähnelt die Multiplikation mit Brüchen der Division mit natürlichen Zahlen, es wird weniger.

- *Division: Es wird mehr!*

  Bei der Division durch einen Bruch kann das Divisionsergebnis größer sein als die zu teilende Zahl (Dividend).

  Beispiel: $3 : \frac{1}{2} = 6$

  Damit kann die Division mit Brüchen – wie in diesem Fall – der Multiplikation mit natürlichen Zahlen ähneln.

- *Addition und Subtraktion „nicht möglich"*

  Zwei Zahlen können nicht ohne Weiteres addiert/subtrahiert werden, sie müssen beim Bruchrechnen erst gleichnamig gemacht, d.h. umgewandelt werden.

- *Erweitern ist keine Multiplikation*

  Das Erweitern von Brüchen ist etwas anderes als das Multiplizieren von Brüchen, obwohl bei beiden eine Multiplikation durchgeführt wird.

- *Kürzen ist keine Division*

  Das Kürzen von Brüchen ist etwas anderes als das Dividieren von Brüchen, obwohl bei beiden eine Division durchgeführt wird.

Viele der oben aufgeführten Aspekte widersprechen unserem eigenen Gefühl für Zahlen und Zahlverhältnisse. So müssen auch wir uns immer mal wieder klar machen, dass „große Zahl" nicht unbedingt viel heißen muss, und dass wir nach einer Multiplikation weniger haben können als vorher bzw. nach einer Division mehr. Diese Phänomene widersprechen zudem unseren eigenen Erfahrungen innerhalb der physischen Welt, daher auch der verständliche Eindruck, dass Bruchrechnen etwas sehr Abstraktes sei.

Fazit: Durch das Bruchrechnen sind die Kinder also immer wieder herausgefordert, über bisherige Selbstverständlichkeiten anders zu denken.

5. Schuljahr

Für das 5. Schuljahr hat Rudolf Steiner folgenden Hinweis gegeben: „Wir wollen dann im fünften Schuljahr mit der Bruchlehre und mit der Dezimalbruchlehre fortsetzen und alles dasjenige an das Kind heranbringen, was ihm die Fähigkeit beibringt, sich innerhalb ganzer, gebrochener, durch Dezimalbrüche ausgedrückter Zahlen frei rechnend zu bewegen."[17] Wie das genau zu verstehen ist, lässt sich wohl auf verschiedene Weise interpretieren. Um sich aber „frei bewegen" zu können in diesen drei unterschiedlichen Zahlenwelten, ist es sicherlich hilfreich, Bezüge zwischen diesen Welten zu kennen, um Gesetzmäßigkeiten aus der einen Welt auf Gesetzmäßigkeiten in der anderen Welt übertragen zu können. Im Kapitel „Ausblicke" am Ende dieses Buches wird daher auch noch auf dieses Thema eingegangen.

Vom Konkreten zum „Abstrakten"?

Wie bereits gezeigt, geht es beim Bruchrechnen zunächst einmal darum, anders denken zu lernen als man es bisher gewohnt war. Und wie Kinder nach Rudolf Steiners Ansicht denken lernen sollten, hat er 1924 in Torquay in eindringlichen Worten den Lehrerinnen und Lehrern gegenüber formuliert, nachdem er aufgezeigt hat, wie die Division mit natürlichen Zahlen mit den Kindern der Klasse als „Anschauungsobjekte" eingeführt werden kann: „Dadurch belebe ich mir die Rechnungsarten und gehe vor allen Dingen vom Anschaulichen aus. Und darauf kommt es an, dass wir das Denken nie, nie, nie (!) loslösen von dem Anschaulichen, sonst kommt an das Kind früh der Intellektualismus, die

Abstraktion heran und wir verderben das ganze Kind."[18] Welche Folgen die gemeinte Art der Abstraktion für das Denkens, die gesamten Konstitution sowie die Gesundheit haben kann, beschreibt er wie folgt: „Wir machen es trocken, und außerdem züchten wir in ihm, – wir werden noch sprechen von der geistig-seelisch-physischen Erziehung –, wir züchten in ihm die Austrocknung auch des physischen Leibes, die Sklerose."[19]

Dieses Plädoyer scheint mir noch einmal deutlich zu unterstreichen, wie bedeutsam es ist, gerade das Bruchrechnen „so anschaulich wie möglich" zu machen.

Bruchrechnen und sinnlichkeitsfreies Denken

Was ist in unserem Zusammenhang jedoch mit „Abstraktion" gemeint? Wie schon erwähnt, wenden viele Menschen die Regeln für das Bruchrechnen an, ohne eine Vorstellung von dem zu haben, was das im Konkreten bedeutet.

Das ist in der Welt der natürlichen Zahlen gewöhnlich ganz anders. Nehmen wir ein Beispiel: Die Rechenaufgabe 56 : 8 = ? kann man auswendig wissen und das Ergebnis direkt sagen. Dazu benötigen wir keine konkrete Vorstellung zu dieser Aufgabe, sie könnte sogar hinderlich sein. Wenn wir uns jedes Mal z.B. 56 Kastanien vorstellen müssten und uns weiterhin vorstellen müssten, wie diese 56 Kastanien z.B. auf 8 Kinder verteilt werden oder gar uns immer wieder 56 Kastanien hinlegen und verteilen müssten, um zum Ergebnis zu kommen, dann wären wir am Anschaulichen hängen geblieben. Dann wäre Mathematik immer etwas, das am Materiellen kleben bleibt und nicht den Weg zu einem Denken finden würde, das unabhängig von sinnlichen Vorstellungen ist.

Gerade durch die Mathematik kann ja ein sinnlichkeitsfreies Denken geschult werden, das uns nicht an das Materielle fesselt. Diesen Gesichtspunkt hat Christoph Kühl in seinem Aufsatz „Mathematik und die Sehnsucht nach dem Übersinnlichen" in der Zeitschrift „Erziehungskunst" deutlich herausgearbeitet.[20]

Auch wenn wir die Aufgabe 56 : 8 = ? gedächtnismäßig lösen können, *könnten* wir uns aber jederzeit eine Vorstellung davon machen, was gemeint ist. Wir könnten Textaufgaben, Geschichten, Bilder, Handlungssituationen (er-)finden, die zu dieser Aufgabe passen. D.h. die rein in Symbolschrift niedergelegte oder auch die mündlich gestellte Aufgabe könnten wir konkretisieren, aber wir müssen es nicht, weil wir das Ergebnis auswendig wissen. Wir können zwar sinnlich-keitsfrei mit ihr umgehen, aber wir können sie auch in uns verlebendigen, weil wir bestimmte, in der physischen Welt mögliche Handlungen mit dieser Aufgabenstellung verbinden können.

Mit „abstrakt" kann also nicht gemeint sein, dass wir nicht irgendwann auch an den Punkt kommen, die Bruchrechenregeln gedächtnismäßig anzuwenden. „Abstrakt" aber wäre es, wenn wir – wie zu Beginn beschrieben – beim Bruch-rechnen Zahlen „manipulieren", *ohne* ein Verständnis entwickelt zu haben, was das denn im Konkreten, also in der sinnlichen Anschauung bedeutet. Wer hat z.B. eine Vorstellung davon, was es bedeutet, wenn ich

$$\frac{1}{4} : \frac{1}{2} =$$

als Aufgabenstellung habe? Was müsste ich da konkret tun, um zum Ergebnis zu kommen? Und wer versteht, warum dann das Ergebnis $\frac{1}{2}$ sein muss?

$$\frac{1}{4} : \frac{1}{2} = \frac{1}{2}$$

Das Ergebnis ist größer als die Ausgangszahl und der Teiler entspricht dem Ergebnis? Rechnen kann das jeder von uns: Bei der Division mit Brüchen muss man mit dem Kehrwert malnehmen. – Ja, aber was heißt das real, in der drei-dimensionalen Welt?

Die „Sehnsucht nach dem Übersinnlichen" kann und sollte sich gerade auch beim Bruchrechnen am Konkreten, am Sinnlichen entwickeln und muss nicht in etwas Abstraktem oder Materiellem enden.

Das Ziel soll durchaus sein, dass die Schüler schlussendlich die Rechenregeln für das Bruchrechnen gedächtnismäßig anwenden können. Jedoch müsste der erste Schritt doch immer sein, konkrete Grundvorstellungen für die Aufgaben-stellungen und Handlungen, die durchzuführen sind, zu entwickeln.

Es bleibt allerdings die Frage, wann die Schüler so weit sind, dass sie für alle Vorgänge ein wirkliches Verständnis entwickelt haben und nun auch gedächtnis-mäßig die Regeln anwenden können sollten:

• Welche Grundvorstellungen sind notwendig, um die Dezimalzahlen und auch die Prozentrechnung, die für die nächsten Schuljahre anstehen, begreifen zu können?

- Welche Grundvorstellungen werden im Unterricht behandelt, um das Denken der Kinder daran zu entwickeln, jedoch nicht mit dem Ziel, dass im 5. Schuljahr bereits die Regeln beherrscht werden. (Auf der Handlungsebene könnte man alle Aspekte des Bruchrechnens bereits im 4. Schuljahr bearbeiten.)

- Welche Grundvorstellungen sind so leicht durchschaubar, dass man schnell Regeln einführen kann?

- Und welche Grundvorstellungen bzw. Rechenregeln sind notwendig, wenn wir in der 8. Klasse beginnen, mit algebraischen Brüchen zu rechnen?

Durch diese Fragen werden vielleicht neue Zeitfenster eröffnet, so dass sich das *Beherrschen* des Bruchrechnens *entwickeln* kann. Anliegen dieses Buches ist es allerdings nicht, Antworten auf diese Fragen zu geben. An der einen oder anderen Stelle werden jedoch Hinweise gegeben, die für entsprechende Überlegungen vielleicht hilfreich sein könnten. Es könnte weiterhin für ein Kollegium durchaus lohnenswert sein, den Lehrplan für Mathematik auch auf Grundlage dieser und ähnlicher Fragestellungen einmal zu bearbeiten, sehr hilfreich wäre es sicherlich, wenn Klassen- und Oberstufenlehrer das gemeinsam täten.

Denken lernen am Konkreten – das E-I-S Prinzip

Eine spannende Frage bleibt jedoch, wie funktioniert denn eigentlich der Weg vom konkreten Umgang mit Material zum sinnlichkeitsfreien Rechnen? Es lohnt sich meiner Ansicht nach, sich diesbezüglich einmal mit dem so genannten E-I-S-Prinzip von Jerome Bruner, einem amerikanischen Entwicklungspsychologen, zu beschäftigen.

E-I-S steht für unterschiedliche Repräsentationsebenen mathematischer Sachverhalte:

E für Enaktiv: Die Handlungsebene mit konkretem Material
I für Ikonisch: Die bildhafte Darstellung
S für Symbolisch: Das Notieren mit Ziffern und Zeichen.

Enaktiv	Ikonisch	Symbolisch
		$$\frac{8}{8}$$

Enaktiv

Die Kinder stellen mit entsprechendem Material selbst Brüche her, sie führen die Rechenoperationen mit dem Material selbst aus und finden allein durch Handhabung des Materials die Lösung der gestellten Aufgabe. Diesen Schritt kann man alternativ – ähnlich wie bei einem Experiment in den Naturwissenschaften – vorne demonstrieren und durch ein Unterrichtsgespräch begleiten. Wann man welchen Weg wählt, ist eine methodische Frage, die sich nach der Situation in der Klasse sowie dem Unterrichtsziel richtet. Die Kenntnis von Rechenregeln ist auf dieser Ebene nicht notwendig.

Ikonisch

Die Kinder bzw. die Lehrerin zeichnen, was mit dem Material gemacht wurde.

Geht man mit den Würfeln um, stellt sich die Frage, ob man dafür die ikonische Ebene verwenden darf, da das perspektivische Zeichnen aus guten Gründen erst in der 7. Klasse eingeführt wird. Dies ist auf jeden Fall dann eine Frage, wenn man die Kinder eigenständig zeichnen lässt. Zeichnet man jedoch an der Tafel vor, können die Zeichnungen auch „zweidimensional" – ähnlich wie beim Formenzeichnen – abgezeichnet werden, wir sind es ja selbst, die in diesem Fall aus der „Zweidimensionalität" die „Dreidimensionalität" durch unser Denken erschaffen. Die Striche an der Tafel als dreidimensionalen Würfel zu *sehen*, ist für Schüler der 4. Klasse kein Problem. Aus eigener Erfahrung kann ich sagen, dass das Abzeichnen auch keines ist.

Lässt man die Kinder eigenständig zeichnen im Sinne von: „Zeichnet einmal, was wir gerade gemacht haben", dann kann die Lehrerin deutlich erkennen, was für das einzelne Kind wichtig war. Manche Schüler zeichnen vielleicht sofort das, worum es ging, andere Kinderzeichnungen zeigen, dass für das Kind ganz andere Umstände von Bedeutung waren. Hierdurch hat man also eine sehr gute Möglichkeit zu sehen, was bei den einzelnen Kindern angekommen ist. Gibt die Lehrerin die Zeichnungen vor, kann sie sicherstellen, dass auch wirklich das, worauf es ihr ankam, gezeichnet wird.

Eine weitere Möglichkeit besteht darin, dass Bruchrechenaufgaben auf dieser Ebene gelöst werden können, ohne die Regeln zu beherrschen!

Symbolisch

Die Symbole *repräsentieren* Begriffe (ganze Zahlen und Brüche) sowie Handlungen (Rechenoperationen). Die Kinder können einerseits das, was sie getan haben, als Rechenaufgabe – also symbolisch – notieren und/oder können die Aufgaben rein rechnerisch lösen. (Die Rechenregeln müssen für Letzteres bekannt sein.)

Umgang mit den drei Ebenen

Der Weg bei der Einführung von Begriffen wie „Bruch", „Kürzen", „Erweitern" etc. oder von Rechenregeln verliefe gemäß dem E-I-S-Prinzip zunächst so, dass mit der Handlungsebene begonnen wird, dann wird gezeichnet und zum Schluss stehen z.B. Rechenaufgaben da. Wichtig zu beachten ist, dass der Übergang von der einen Ebene auf die andere immer gut mit der Sprache begleitet wird, damit den Kindern bewusst wird, was sie tun. Die Sprache ist sozusagen das 4. Element, die 4. Repräsentationsebene, die gleichzeitig alle anderen Ebenen durchdringt.

Es ist allerdings nicht notwendig, immer nur diesen einen Weg in die angegebene Richtung zu gehen. So kann jede der drei Ebenen in eine andere transformiert werden. Ebenso können verschiedene Ebenen auch gemischt vorkommen, z.B.:

- Man kann die Schüler etwas zeichnen lassen und die Zeichnung mit Ziffern und Rechensymbolen versehen. (Ikonisch und symbolisch)

- Ebenso kann man im Verlaufe des Unterrichts den Weg auch rückwärts gehen: Die Lehrperson kann die Aufgabe geben, dass die Kinder eine auf der Symbolebene gestellte Rechenaufgabe (z.B. $\frac{3}{4} \cdot \frac{1}{4} = $) auf der Handlungsebene oder auch auf der ikonischen, d.h. zeichnerischen Ebene lösen sollen. (Vom Symbolischen zum Ikonischen oder Enaktiven)

- Man kann sie auf der Handlungsebene etwas durchführen lassen und ihnen die Aufgabe geben, diesen mathematischen Sachverhalt nun symbolisch zu notieren usw. (Vom Enaktiven zum Symbolischen)

Bruchrechnen und die Sprache

Ein weiterer wichtiger Aspekt wurde bisher nur am Rande erwähnt, nämlich die Sprache, die als 4. Repräsentationsebene den gesamten Lernprozess durchwebt.

Dazu sei noch einmal Michael Gaidoschek zitiert: „Nicht nur für das Verständnis von Brüchen, aber gerade auch hier gilt: Nicht das Anschauen ist das Wesentliche, sondern das Kapieren. Das Immer-wieder-Anschauen von Tortenstückchen sorgt keineswegs automatisch dafür, dass ein Kind die Besonderheiten der Brüche und ihrer gar nicht selbstverständlichen Schreibweise versteht! Worum es tatsächlich geht: Kindern soll durch Material und Anschauung erleichtert werden, bestimmte Gedanken zu fassen. Das Medium für Gedanken ist aber vorrangig nicht die Anschauung, nicht das Bild, sondern die Sprache."[21]

Wie Rudolf Steiner weist auch er darauf hin, dass das Kind durch konkretes Material, durch die Anschauung Denken lernt. So wie in der Entwicklung des Kindes Gehen – Sprechen – Denken aufeinander folgen, so entwickelt sich auch erst durch die Sprache das „Kapieren" bzw. „Begreifen" des Bruchrechnens, seiner Begriffe und seiner Regeln.

Daher meint Gaidoschek weiter: „Es geht also darum, die Kinder mit Hilfe des Materials dazu zu bringen, ihre Gedanken über Brüche in Worte zu fassen, dabei mögliche Widersprüche/Lücken in den subjektiven Denkweisen deutlich zu machen, das Wissen auf diese Art zu systematisieren ...''[22] Beispiele dafür finden sich im Kapitel „Die ikonische Ebene", insbesondere Arbeitsblatt 2 und 3.

Aus diesem Grund wird es im Folgenden auch immer wieder darum gehen, präzise in der Sprache zu sein – und die richtigen Fragen zu stellen!

Zur Verdeutlichung des Dargestellten soll abschließend folgendes Schema dienen.

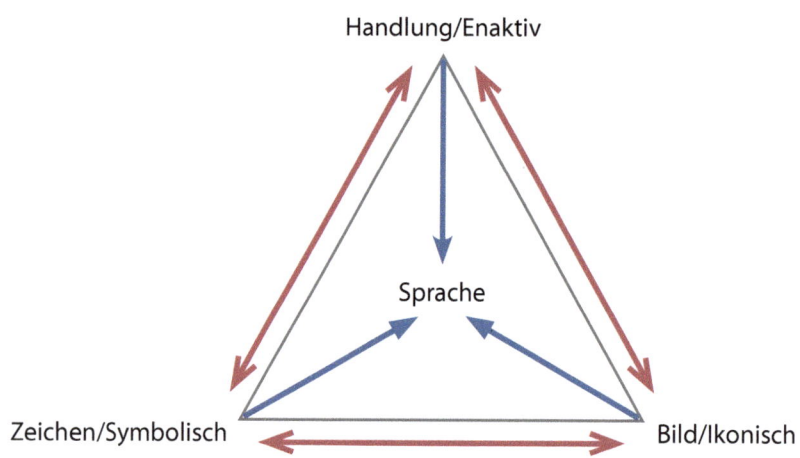

Auf diese verschiedenen Ebenen werden wir im Verlaufe des Buches immer wieder zurückkommen.

Der „Dreischritt" im Mathematikunterricht

Wir können in diesen drei Phasen Denken, Fühlen und Wollen wiedererkennen:

Zunächst ist das Kind mit seinem Willen tätig, es handelt in der physischen Welt, im dreidimensionalen Raum mit den Rechenmaterialien, die durchaus auch Alltagsgegenstände sein können, aber *reale* - und keine bloß gezeichneten oder vorgestellten – Torten, Pizzen etc., so wie wir uns bei einem Physik- oder Chemie-Experiment die Geräte und Zutaten auch nicht nur vorstellen oder anzeichnen. Damit ist das Kind insbesondere im Bereich des Willens aktiv.

Um sich das, was es getan hat, klar zu machen, um die Erfahrungen zu verinner-lichen, fertigt es davon eine Zeichnung an. Damit werden die Erfahrungen bewusster, das Kind verbindet sich mit dem Erlebten und kann es sprachlich formulieren. Sobald wir etwas ver"innerlicht" haben, haben wir uns gefühlsmäßig (Fühlen) damit verbunden.

Im letzten Schritt fällt alles Anschauliche weg, sowohl die Gegenstände der physischen Welt als auch die inneren bildhaften Vorstellungen und es stehen Ziffern und Rechenzeichen, wie z.b. der Bruchstrich, auf dem Papier oder der Tafel. Rechenaufgaben können jetzt durch verstandene Rechenregeln rein mathematisch gelöst werden. Wir befinden uns im Bereich des sinnlichkeits-freien Denkens.

Vom Konkreten zum Begriff oder Gesetz, das ist der Weg, der zunächst gegangen wird.

Im Grunde haben wir es hier mit dem Dreischritt zu tun, wie ihn Rudolf Steiner im so genannten Ergänzungskurs darstellt[23].

– 1. Tag –

1. Physikalisches Experiment: Wahrnehmung (Versuchsbeobachtung); hier handelnd mit Rechenmaterial = enaktiv,

2. Das Gesehene wird noch einmal anders betrachtet, es wird noch einmal darüber gesprochen und dadurch verinnerlicht, hier zeichnend = ikonisch

– Nacht –

1. Das Gesetz bzw. der Begriff wird entwickelt, hier reine Symbolebene

Bei naturwissenschaftlichen Experimenten steht in der Regel die Beobachtung am Anfang. Will man die Anregungen in diesem Buch aufgreifen, wird das Denken der Kinder jedoch bereits vor bzw. während des „Experimentes" gefordert! Der Handlung mit dem Rechenmaterial geht stets eine Handlungsaufgabe in Form eines *Auftrages* oder einer *Frage* voraus. Die Handlungsaufgabe ist so gestellt, dass die Schüler herausfinden bzw. überlegen müssen, wie sie diese Fragestellung mit dem Rechenmaterial lösen können. Das erfordert und schult ein *konkretes*, vom Willen ergriffenes Denken. Äußerlich betrachtet steht allerdings die Handlung im Vordergrund, an die sich dann Beobachtungen anschließen können.

Im Gegensatz zu den Beispielen, die Rudolf Steiner für den Mittelstufenunterricht schildert, kann es zudem erforderlich sein, dass mehrere Tage mit Schritt 1 und Schritt 2 (enaktiv, ikonisch) verbracht werden müssen, bevor man zur Begriffsbildung oder zum Rechengesetz kommt. Diese zwei Phasen sind möglicherweise gerade heute besonders wichtig für die Kinder.

Im Sinne der Differenzierung kann es zudem sehr hilfreich sein, wenn die drei Schritte ab einem bestimmten Zeitpunkt des Unterrichtes immer gleichzeitig anwesend sein können, s. dazu im Anhang das Kapitel „Differenzieren und das E-I-S-Prinzip".

Rechenregeln erarbeiten – Entdeckendes Lernen

Hat es schon jemand erlebt, dass er/sie im Rechenunterricht vor der Klasse stand und erklärt und erklärt und erklärt ... hat? Die Kinder sitzen schön brav und hören zu, aber verstanden haben sie nichts. Mir ist dieses Erlebnis jedenfalls nicht fremd... Wenn sie aber etwas selbst rausfinden können, d.h. wenn sie selbst eine echte Frage haben oder entwickelt haben (die durchaus durch die Lehrerin gestellt werden kann) und diese dann eigenständig bearbeiten sollen, dann wird vieles erst wirklich „verstanden", dann wird die Eigenaktivität, auch die Eigenaktivität im Denken, angeregt. Diese Methode wollen wir „entdeckendes Lernen" nennen. Damit ist gemeint, dass die Kinder durch entsprechende Aufgabenstellungen, durch Fragen und Unterrichtsgespräche zu Beobachtungen angeregt werden und dadurch zu eigenen Erkenntnissen kommen.

Beim Bruchrechnen kann uns dabei insbesondere die Fragestellung begleiten, wie die Rechenregeln, die später gedächtnismäßig angewendet werden sollen, in diesem Sinne erarbeitet werden können. Wie kommen wir diesbezüglich vom Konkreten zum „Abstrakten"?

Es wird somit zur eigentlichen Frage, wie Aufgaben viel schneller zu lösen sind, wenn man den Rechenweg bzw. die Rechenregel (er)kennt. In vielen Fällen können die Kinder diese, nachdem sie ausreichende Erfahrungen und Beobachtungen auf der enaktiven und ikonischen Ebene gemacht haben, selbst entdecken. Konkrete Anregungen, um in diesem Sinne zum entdeckenden Lernen zu führen, sollen im Kapitel „Die ikonische Ebene" gegeben werden.

Bruchrechnen und das Smartphone

Im Zeitalter der Digitalisierung, des Internets und des Smartphones haben sich nachweislich die kognitiven Fähigkeiten von Kindern und Jugendlichen verändert. Der Hirnforscher Manfred Spitzer zitiert in seinem Buch „Die Smartphone Epidemie"[24] zahlreiche Studien, die diesen Sachverhalt belegen. In unserem Zusammenhang sei insbesondere auf eine Studie von Michael Shyer und Denise Ginsberg, zwei englische Entwicklungspsychologen, hingewiesen. Sie haben über Jahrzehnte einen Test verwendet, der auf Piagets Konzept der Entwicklung vom konkreten zum abstrakten Denken zurückgeht. Sie untersuchten die Fähigkeit von 11- bis 12-jährigen Kindern zur Begriffsbildung (Abstraktion) in Verbindung mit physikalischen Begriffen wie Volumenkonstanz und spezifischem Gewicht. Die Untersuchungsergebnisse reichen von Mitte der 1970er Jahre bis ins Jahr 2003 und zeigen für diesen Zeitraum eine deutliche Abnahme der Testleistungen. Für diesen Test war zudem schon lange bekannt, dass die Jungen gegenüber den Mädchen einen leichten Vorteil hatten. Mit dem deutlichen Rückgang der Testleistungen ging jedoch auch einher, dass sich die Ergebnisse der Mädchen und Jungen angeglichen haben. Shayer und Ginsberg[25] kommentieren ihre Untersuchungsergebnisse wie folgt: „Über die Gründe für den Rückgang, über den in diesem Artikel berichtet wird, kann man nur spekulieren. Die passive Belastung durch viele Stunden Fernsehen pro Woche hat seit den 1960er Jahren zugenommen. Computerspiele und virtuelle Realitäten haben vielleicht das verdrängt, was früher für Jungen die stundenlange Beschäftigung oder das Spielen draußen mit Freunden, mit Dingen, Werkzeugen und Mechanismen verschiedener Art gewesen ist."[26]

Unter diesem Gesichtspunkt ist durchaus die Überlegung angebracht, ob bei zunehmender Digitalisierung die konkrete Handlungsebene, auch im Mathematikunterricht, an Bedeutung gewinnen müsste und sehr bewusst eingesetzt werden sollte. Günter Malle, Professor an der TU Kaiserslautern, schreibt: „Es ist wahrscheinlich der größte Fehler des heutigen Mathematikunterrichts, dass er zu schnell auf eine formal-regelhafte Ebene aufsteigt und die Dinge auf eine bloß rechnerisch-mechanische Weise erledigt, jedoch verabsäumt, die dahinter liegenden intuitiven und anschaulichen Vorstellungen zu entwickeln."[27]

Im Bruchrechenunterricht der Waldorfschulen ist es zwar durchaus üblich, dass das Bruchrechnen auf der Handlungsebene (enaktiv) begonnen wird, aber könnten manche Schwierigkeiten, die dann in der höheren Mittel- und Oberstufe im Zusammenhang mit dem Bruchrechnen auftauchen, nicht auch damit zusammenhängen, dass es gut gewesen wäre, an der einen oder anderen Stelle länger auf der Ebene „Erfahrung durch Tun" zu bleiben, damit die Kinder die neuen Begriffe und Vorstellungen besser in ihr Denken integrieren können? Die Entwicklung *lebendiger* Begriffe und kein mechanisches Abarbeiten unverstandener Aufgaben ist doch wesentliches Ziel der Waldorfpädagogik.

Die Zeit, die darauf verwendet wird, kann den Schülern in der Oberstufe nur zu Gute kommen: Lebendige Begriffe können sich weiterentwickeln! Besonders wünschenswert wäre es, wenn zudem die Oberstufenlehrer für Mathematik einen Einblick darin gewinnen könnten, wie einzelne Begriffe und Rechengesetze vom Klassenlehrer eingeführt bzw. angelegt wurden. Denn – wie bereits erwähnt – kann gerade der Rückgriff auf (früher angelegte) konkrete Vorstellungen für das Wiederholen bzw. erneute Aufgreifen des Bruchrechnens sehr hilfreich sein.

Der Bruch

Es kann hilfreich sein, sich zunächst mit unterschiedlichen Aspekten von Brüchen bzw. Bruchzahlen zu beschäftigen, um dann zu entscheiden, welche/n Aspekt/e man wann im Unterricht behandeln möchte.

Bruch als Teil vom Ganzen

Den Bruch als Teil *eines* Ganzen zu verstehen ist der Aspekt, der gerade für die erste Zeit nach dem Rubikon die größte Rolle spielen kann, um an das vergangene Erlebnis anzuknüpfen, wie es bereits oben beschrieben wurde. Es sind die Vorstellungen gemeint, die wir gewöhnlich zunächst mit dem Bruchrechnen verbinden.

Bruch als Teil vom Ganzen

Für die Einführung der Dezimalzahlen sowie der Prozentrechnung müssen wir auf diese Grundvorstellung zurückgreifen, siehe dazu auch das Kapitel „Prozente".

Bruch als Maßzahl

Der Bruch taucht als Maßzahl auf, wenn wir es mit Gewichten, Strecken, Zeiten etc. zu tun haben. Beispiele: ¼ Stunde, ½ Kilometer, ¾ Kilogramm. Den Bruch als Maßzahl kennen die Kinder in der Regel bereits aus der Alltagssprache. Ein Gespräch darüber könnte der Einstieg in das Bruchrechnen überhaupt sein.

Bruch als Operator

Wir benutzen den Bruch dann als Operator, wenn wir z.B. die Frage stellen: Wie viele Kinder sind anwesend, wenn drei Viertel der Klasse da sind? Oder anders formuliert: Wie viele Schüler sind $\frac{3}{4}$ von 28 Schülern? Diese Fragestellung kann rein auf der Handlungsebene mit den Kindern gelöst werden. Sie ist daher auch eine beliebte Fragestellung im Zusammenhang mit der Bruchrechnung.

Auf der Symbolebene: $\frac{3}{4} \cdot 28 = 21$

Wir führen also eigentlich eine *Multiplikation* durch. (s. auch Kapitel zur Multiplikation mit Brüchen)

Eine ähnliche Fragestellung wäre: Wie viel ist die Hälfte von $\frac{3}{4}$ Litern Milch?

Auf der Symbolebene: $\frac{1}{2} \cdot \frac{3}{4} \, l = \frac{3}{8} \, l$

Die Hälfte von 3/4 Litern Milch sind 3/8 Liter.

Auf diesen Aspekt von Brüchen geht man daher sinnvoller Weise im Zusammenhang mit der Multiplikation ein. Verwendet man ihn allerdings bei der Einführung des Begriffs „Bruch" schon zu Beginn, wenn es darum geht ein Verständnis für „Bruch als Teil eines Ganzen" zu gewinnen, kann das für die Schüler sehr verwirrend sein.

Bruch als Verhältnis

Wir benutzen Brüche häufig, um Verhältnisse darzustellen. In der einfachen Form könnte es z.B. heißen: Von 30 Schülern einer Klasse sind 17 Mädchen, das Verhältnis ist also 17 zu 30.

Als Bruch notiert: $\frac{17}{30}$. Wir berechnen nichts.

Wenn wir das Verhältnis von Mädchen zu Jungen in einer anderen Klasse bestimmen wollen, können wir zu dem Ergebnis kommen: In einer Klasse mit 30 Schülern sind zwei Drittel Mädchen und ein Drittel Jungen. Wie kommen wir eigentlich zu diesem Ergebnis?

20 von 30 Kindern sind Mädchen: $\frac{20}{30} = \frac{2}{3}$ (gekürzt mit 10)

10 von 30 Kindern sind Jungen: $\frac{10}{30} = \frac{1}{3}$ (gekürzt mit 10)

Wir setzen also die Anzahl der Jungen sowie die Anzahl der Mädchen ins Verhältnis zur Gesamtzahl der Kinder und kürzen in diesem Falle noch. Diesen Aspekt kann man daher gut benutzen, wenn das *Kürzen* eingeführt worden ist, d.h. dieser Begriff und die dazu gehörigen Rechenregeln müssen bereits bekannt sein!

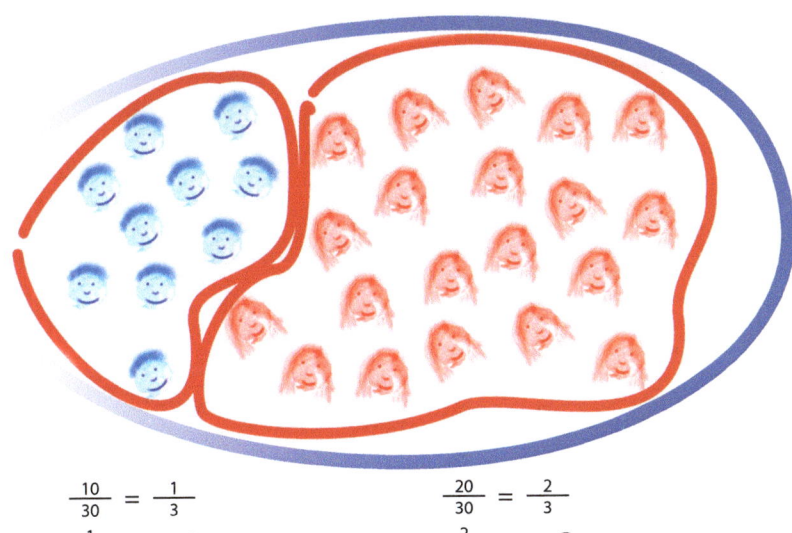

$\frac{10}{30} = \frac{1}{3}$

$\frac{1}{3}$ vom Ganzen

$\frac{20}{30} = \frac{2}{3}$

$\frac{2}{3}$ vom Ganzen

Den Bruch als Ausdruck eines Verhältnisses benötigen wir zudem für die Prozentrechnung und den Dreisatz, siehe dazu auch die Kapitel „Prozente" und „Dreisatz".

Bruch als Quotient

Wir können Brüche auch verwenden, wenn das Ergebnis einer Divisionsaufgabe
(Quotient) nicht ohne Rest aufgeht, z.B. wie viel bekommt jeder, wenn wir 3
Pizzen auf 4 Personen *verteilen*?

3 Pizzen: $4 = \frac{3}{4}$ Pizza

Antwort: Jeder bekommt drei Viertel einer ganzen Pizza.

Hier handelt es sich um den Aspekt des „Verteilens".

Wir können Brüche auch dann verwenden, wenn der Teiler *größer* als die zu
teilende Zahl ist, z.B.: *Wie oft passen* 5 Liter Apfelsaft aus einem Kanister in eine
2-Liter-Kanne? (Anders formuliert: Wie viel von 5 Litern Apfelsaft passen in eine
2-Liter-Kanne?)

$2 \, l : 5 \, l = \frac{2}{5}$

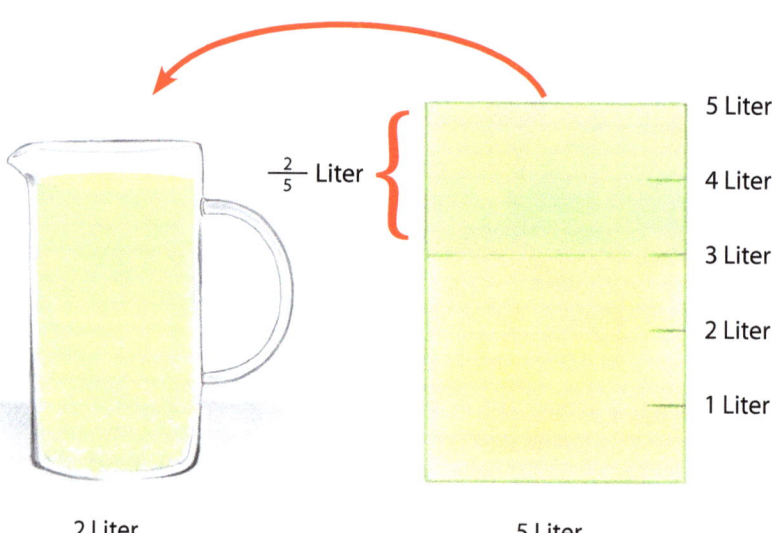

$\frac{2}{5}$ Liter

5 Liter

4 Liter

3 Liter

2 Liter

1 Liter

2 Liter   5 Liter

Antwort: „Die 5 Liter passen „zwei Fünftel mal" in die 2-Liter-Kanne. Anders formuliert: Es passen zwei Fünftel von den 5 Litern in die 2-Liter-Kanne.

Hierbei handelt es sich um den Aspekt des „Messens".

Zu den Aspekten des „Verteilens" und „Messens" siehe das Kapitel: „Rechenzeichen: Symbole für Bewegungsvorgänge".

Bruch als Lösung einer Gleichung

Hier handelt es sich um einen Aspekt, der in den höheren Klassen an Bedeutung gewinnt:

$$7 \cdot x = 3 \quad |:7$$
$$x = \frac{3}{7}$$

Bruch als Skalenwert

Brüche als Skalenwerte kommen oft beim (Ab)messen von Flüssigkeiten vor, die Tankuhr kann z.B. „½" voll anzeigen. Auch auf Messbechern im Haushalt sind Brüche häufig als Maßangaben zu sehen.

Es könnte den Kindern sicherlich zu Beginn des Bruchrechenunterrichtes Freude bereiten, derartige Skalen in ihrer Umgebung zu entdecken.

Bruch als Quasikardinalzahl

Mit einer Kardinalzahl wird eine bestimmte Menge/Anzahl bezeichnet, z.B. 3 Äpfel.

Wir können einen Bruch quasi auch wie eine Kardinalzahl verstehen, wenn wir z.B. von 3 Vierteln sprechen.

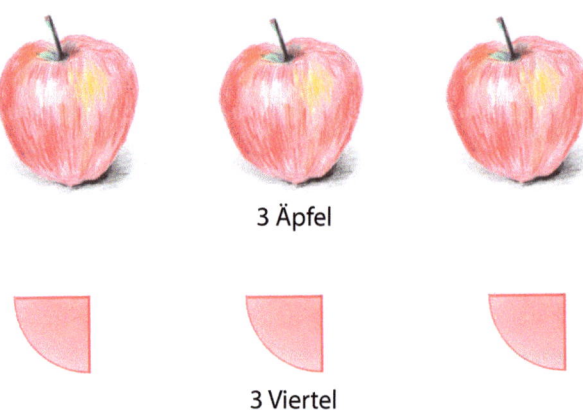

3 Äpfel

3 Viertel

Wir können z.B. sagen, dass die Halle „drei viertel" voll ist, weil sie nur von „drei Vierteln" der Karteninhaber besucht wird. Lediglich im zweiten Fall benutzen wir den Bruch ¾ als Quasikardinalzahl.

Der Aspekt der Quasikardinalzahl gewinnt insbesondere im Zusammenhang mit der Rechtschreibung Bedeutung: Wann werden Zahlwörter groß und wann klein geschrieben?

PRAXISTEIL
Wie beginnen wir?

Ganzes in verschiedene Teile zerteilen

In der ersten Bruchrechenstunde wird häufig das Wesen des Bruchs durch einen eindrücklichen Vorgang veranschaulicht. Eine Schülerin erzählte mir, dass in ihrer Klasse – während der Michaelizeit – der Lehrer einen großen Kürbis mit einem Schwert zerschlug. Fruchtfleisch und Kerne flogen herum, ein bleibendes Erlebnis für die Kinder! Etwas „sanfter" ist die Methode, einen Stock in der Mitte zu zerbrechen. Es gibt weitere Möglichkeiten, das Zerbrechen oder auch Zerteilen eines Ganzen zu demonstrieren.

Zu dieser Thematik gibt es einen Hinweis von Rudolf Steiner, der hier vollständig zitiert sei. Nachdem während der 4. Seminarbesprechung im Rahmen des Vorbereitungskurses für die neuen Waldorflehrer und Waldorflehrerinnen vorgeschlagen wurde, das Wesen des Bruches durch Zerbrechen eines Kreidestückes zu veranschaulichen, kommentiert Rudolf Steiner wie folgt: „Ich hätte zunächst nur das eine zu bemerken, dass ich zum Beispiel nicht Kreide verwenden würde, weil es zu schade ist, die Kreide zu zerbrechen. Ich würde einen wertloseren Gegenstand aussuchen. Es würde genügen ein Stück Holz oder so etwas, nicht wahr? Es ist nicht gut, die Kinder frühzeitig daran zu gewöhnen, nützliche Gegenstände zu zerbrechen."[28]

Welchen Weg man auch wählt, zum Bruchrechnen gehört jedoch nicht nur der Zerteilungsvorgang an sich, sondern auch, dass die einzelnen Teile gleich groß sind. (Siehe dazu auch die Ausführungen im Kapitel „Der Nenner".) Einen Stock, Holzstab o.ä. könnte man z.B. vorher so präparieren, dass er im entscheidenden Moment tatsächlich in der Mitte bricht. Will man später mit den Würfeln arbeiten und kann das Zerteilen aus technischen Gründen nicht vor den Augen der Kinder stattfinden lassen, kann man die Schüler auch Würfel aus Ton herstellen und dann zerteilen lassen, sodass sie auf diesem Wege die Entstehung des Anschauungsmaterials nachvollziehen können.

Und schon jetzt ist es sehr hilfreich, Bewusstsein auf die Formulierungen zu lenken: Vorher hatten wir ein Ganzes (einen Kürbis, einen Apfel, eine Torte, einen Stock, einen Würfel etc.) und nachher haben wir zwei halbe Kürbisse, Äpfel, Torten, Stöcke, Würfel etc. Nach der fortgesetzten Zerteilung der Halben: Jetzt haben wir vier Viertel usw.

Diese Erfahrungen könnten gezeichnet und mit Worten beschriftet werden, bevor die symbolische Schreibweise eingeführt wird, z.B.:

Ein Ganzes besteht aus 8 Achteln

Ein ganzer Würfel ist so viel wie: zwei halbe Würfel, vier viertel Würfel, acht achtel Würfel etc.

Ganzes aus verschiedenen Teilen zusammensetzen

Die Kinder könnten auf vielfältige Weise ausprobieren, was das Ganze noch alles sein kann. Der ganze Würfel kann auf unterschiedlichste Art und Weise mit Hilfe der verschieden großen Bruchteile dargestellt werden, dabei sind der eigenen Phantasie keine Grenzen gesetzt. Im Gegensatz zum Spielen mit Bauklötzen in der früheren Kindheit geht es aber jetzt nicht nur ums Bauen... Das Ganze wird anschließend wieder in seine einzelnen Teile zerlegt, die aufgrund ihrer Form und Farbe benannt werden können.

Nun könnte man in Worten aufschreiben: Ein Ganzes ist: Ein Viertel plus drei Achtel plus vier Sechzehntel plus ...

Der Nenner

Das wirklich Neue beim Bruch ist für die Kinder zunächst der Nenner. Wie bereits erwähnt, kann das Symbol „4" beim Bruchrechnen nicht nur „Vier", sondern auch „Viertel" bedeuten. Ein und dieselbe Ziffer kann ab jetzt verschiedene Bedeutungen haben!

Was aber ist nun der Nenner? Der Nenner „nennt" uns, in wie viele gleich große Teile das Ganze *zerteilt* (!) wurde. Ich halte es für hilfreich, wenn man an dieser Stelle nicht das Wort „*ge*teilt" verwendet, das an die Division mit natürlichen Zahlen erinnert. Denn wird ein Ganzes – wie beim Bruchrechnen – in vier gleich große Teile *zer*teilt, erhält man *vier* Viertel, wird ein Ganzes durch 4 *ge*teilt – wie beim Anfangsrechnen –, erhält man *ein* Viertel.

Nachdem wir das Ganze in gleich große Teile zerteilt haben, kennen wir den Namen jedes einzelnen Teiles. Haben wir in 4 gleich große Teile zerteilt, heißen die Teile „Vier*tel*". Haben wir das Ganze in 16 Teile zerteilt, heißt jedes einzelne Teil „Sechzehn*tel*" usw.

Ein weiterer Gesichtspunkt zum Verständnis des Nenners ist, dass die Kinder *erleben*, dass die einzelnen Teile (Bruchstücke) mit jeder Teilung zwar kleiner werden, die Zahl, die den Teilen den Namen gibt, jedoch immer größer wird.

Dafür ist es hilfreich, wenn man die Schüler unterschiedliche Teilungsvorgänge wiederholend mit verschiedenen Materialien, auch mit verschiedenen Formen (!) selbst durchführen oder/und auf der ikonischen Ebene (ein-)zeichnen lässt und die einzelnen Teile jeweils benennt. Die Varianz in Material und Form bewirkt ein lebendiges Denken und legt nicht darauf fest, ein Viertel stets mit der Vorstellung eines Torten- oder Pizzastücks in Verbindung zu bringen, siehe dazu als Anregung auch Arbeitsblatt 1 im Kapitel „Die ikonische Ebene".

Anschließend können die Teile auch beschriftet werden. Zunächst vielleicht einfach – wie bereits oben vorgeschlagen – mit den entsprechenden Worten und erst später, nachdem auch der Begriff des Zählers und die Schreibweise von Brüchen erarbeitet wurde, indem man Symbole benutzt. Die Erleichterung wird groß sein!

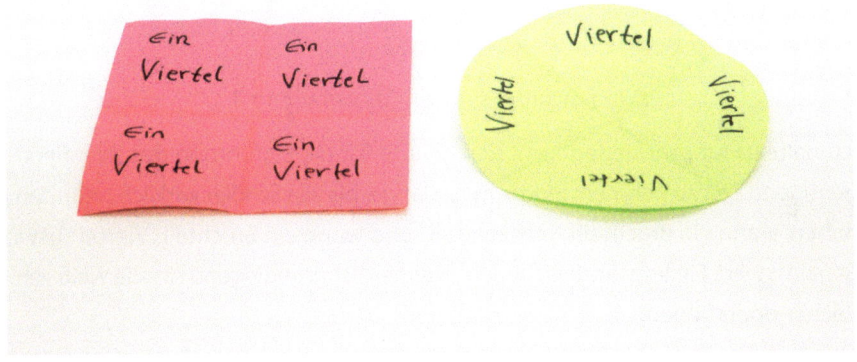

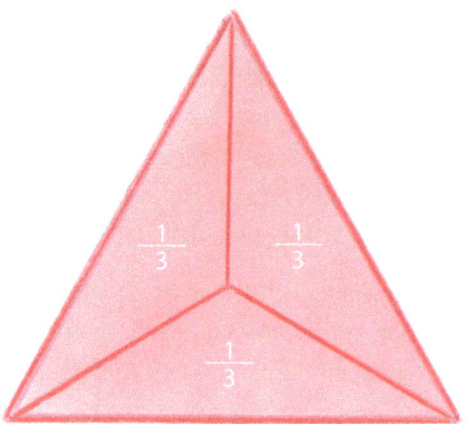

Drei Drittel sind ein Ganzes $\frac{3}{3} = 1$

Zwölf Zwölftel sind ein Ganzes $\frac{12}{12} = 1$

Ich halte es für sehr bedeutsam, sich gerade für die Einführung des „Nenners" genügend Zeit zu nehmen, möglichst so lange, bis alle Schüler wirklich begriffen haben, wann ein Bruchteil „Sechzehntel" und wann ein Bruchteil „Viertel" usw. genannt wird. Ein Verständnis für den „Nenner" ist grundlegend für alle weiteren Rechenoperationen.

Die *Erfahrung*, dass die Teile immer kleiner, die Zahl im Nenner aber immer größer wird, sollte man so oft wie möglich zur Sprache bringen und durch entsprechende Aufgabenstellungen und Gespräche mit den Kindern ins Bewusstsein heben. Schön ist es, wenn die Kinder diesen Zusammenhang *entdecken* können. (Das ein oder andere Kind möchte vielleicht auch schon sagen, warum das so ist.)

Um wirkliche Erklärungen kann es aber im 4. Schuljahr noch nicht gehen. Diese werden von den meisten Schülern in dem Alter noch nicht verstanden und verwirren u.U. nur. In den höheren Klassen können die Jugendlichen jedoch die gemachten Erfahrungen durchaus mit größer werdendem Verständnis durchdringen.

Der Zähler

Der Zähler „zählt" einfach, wie viele der gleich großen Teile wir haben. Damit knüpfen wir an Erfahrungen aus dem 1. Schuljahr an.

Den Umgang mit dem Zähler kann man wieder auf der enaktiven und der ikonischen Ebene üben. Anregungen zu entsprechenden Aufgaben bzw. Arbeitsblättern findet man – wie erwähnt – im Internet oder in modernen Schulbüchern.

Der Bruchstrich

Wollen wir zur Symbolebene übergehen, ist der Bruchstrich und das Anordnen von Zahlen über und unter dem Bruchstrich für die Schüler ebenfalls etwas ganz Neues. Der Bruchstrich „zerteilt" tatsächlich in ein „oben" und ein „unten". Unten steht, *in* wie viele gleich große Teile ich das Ganze zerteilt habe, oben steht, wie viele ich von den gleich großen Teilen habe. Die Zahl unter dem Bruchstrich „nennt" mir den Namen, die Zahl über dem Bruchstrich „zählt".

Wenn ich von $\frac{3}{4}$ spreche, meine ich, dass ich 3 mal ein Viertel (vom Ganzen) habe. Es genügt meiner Ansicht nach, zunächst bei dieser Bedeutung des Bruchstrichs zu bleiben. Eventuell braucht es etwas Übung, bis die Schüler sicher sind, was oben und was unten steht.[29]

Um den Umgang mit Brüchen weiter zu vertiefen, können auf vielfältige Weise Brüche miteinander verglichen werden: Welcher ist größer? Welcher ist kleiner? Welche sind gleich groß? Mehrere Brüche können nach Größe sortiert werden, wieder auf allen drei Ebenen: Enaktiv – Ikonisch – Symbolisch.

Bruchteile zerlegen

Zum Verständnis von Brüchen sind das Zerlegen und Zusammenfügen von

Bruchteilen ein wesentlicher Gesichtspunkt. Dabei geht es nicht darum, dass ggf. dazu gehörige Rechenoperationen erlernt bzw. beherrscht werden, sondern dass die Kinder hierbei *erleben* können, dass nicht nur das Ganze in verschiedene Bruchteile zerlegt werden kann, sondern dasselbe auch für jedes einzelne Bruchteil gilt!

Fragestellungen auf der Handlungsebene könnten z.B. sein:

Was kann ein Halbes alles sein?

Bei dieser Fragestellung gibt es unterschiedlichste Lösungsmöglichkeiten. Eine mögliche Antwort wäre z.B.: Ein Halbes ist ein Viertel plus zwei Achtel etc. richtig. Weitere Lösungsmöglichkeiten lassen sich finden.

Eine mit der Zerteilung von Bruchteilen zusammenhängende, wesentliche Erfahrung bzw. Erkenntnis sollte schließlich sein, dass ein und dieselbe Größe mit anderen, aber jeweils gleich großen Bruchteilen dargestellt werden kann. Man könnte die obige Fragestellung nun folgendermaßen einengen:

Was kann ein Halbes alles sein? Verwende bei der Lösung nur Würfel derselben Farbe.

Nun ist das Spektrum der Antwortmöglichkeiten begrenzt, z.B. auf: Zwei Viertel, vier Achtel, acht Sechzehntel etc. Diese spezifische Art des Zerteilens charakterisiert das Erweitern (s.u.), dessen spätere Einführung man auf diese Art und Weise bereits vorbereiten kann.

Zu Verinnerlichung der Erfahrungen ist es wiederum hilfreich, Zeichnungen anfertigen zu lassen und diese zu beschriften, um die Erfahrungen im oben beschriebenen Sinne zur Erkenntnis werden zu lassen.

Bruchteile zusammenfügen

Um deutlich zu machen, dass Bruchteile nicht nur zu einem Ganzen, sondern auch zu anderen Bruchteilen zusammengefügt werden können, könnte man den Schülern folgende Handlungsaufgabe geben:

Nimm acht Sechzehntel. Zu welchen anderen Bruchteilen kannst Du sie zusammenfügen?

Wie beim Zerteilen von Brüchen sind bei dieser Fragestellung unterschiedlichste Lösungen richtig.

Eine spezifische Form des Zusammenfügens ist gegeben, wenn am Ende alle Bruchteile dieselbe Farbe, d.h. denselben Nenner haben. Die Fragestellung könnte nun entsprechend eingegrenzt werden:

Nimm acht Sechzehntel. Zu welchen anderen Bruchteilen kannst Du sie zusammenfügen? Am Ende sollen alle Bruchteile dieselbe Farbe haben.

Auch diese Aufgabenstellung führt zur Erfahrung und dann zur Erkenntnis, dass ein und dieselbe Größe mit unterschiedlichen Bruchzahlen dargestellt werden kann.

Eine wichtige Erfahrung bzw. Erkenntnis könnte zudem sein, dass bei dieser Aufgabenstellung die Anzahl der möglichen Lösungen festgelegt ist. Richtige Lösungen können in dem Fall nur sein: Acht Sechzehntel sind genau so viel wie: Vier Achtel oder zwei Viertel oder ein Halbes.

Mit dieser spezifischen Art des Zusammenfügens hat man zudem das spätere Kürzen bereits vorbereitet.

Brüche zerteilen und zusammenfügen: Eine Größe – verschiedene Zahlen

Zur Vertiefung dessen, was beim Bruchrechnen u.a. ganz anders ist als bisher, könnte man den Kindern nun eine bestimmte Größe bzw. Bruchteil(e) vorgeben und sie herausfinden lassen, wie man dieselbe Größe mit anderen Bruchteilen darstellen kann. Dies kann mit unterschiedlichstem Material sowie durch Zerteilen und Zusammenfügen durchgeführt werden.

Findest Du andere Möglichkeiten, die Größe von zwei Vierteln darzustellen? Es sollen alle Würfel (Teile) immer dieselbe Farbe (denselben Nenner) haben.

Mögliche Antworten:

Zwei Viertel sind

- ein Halbes
- vier Achtel
- acht Sechzehntel
- sechs Zwölftel
- etc.

Wie weiter?

Ein grundlegendes Verständnis für das Wesen des Bruches ist wichtige Voraussetzung, um alle weiteren Schritte beim Bruchrechnen begreifen zu können. Daher soll noch einmal betont werden, dass man sich für die *Einführung* von Brüchen genügend Zeit lässt! Alle Schüler sollten in der Lage sein, Bruchteile richtig zu benennen, also deren Nenner bestimmen können! Ohne Verständnis für das, was der Nenner ist und bedeutet, kann alles Nachfolgende nur mit Unverständnis aufgenommen werden. Das gleiche gilt für den Zähler, allerdings wird dessen Bedeutung zumeist schneller bzw. leichter einsichtig.

Nachdem die Schüler mit Brüchen unterschiedlichste Erfahrungen gemacht haben, Bruchteile benennen können, begriffen haben, dass dieselbe Größe mit verschiedenen Zahlen dargestellt werden kann und dies auf der Handlungs-bzw. ikonischen Ebene auch selbst durchführen können, kann man sich im Unterricht den einzelnen Rechenoperationen sowie den dazu gehörigen Regeln zuwenden.

Auch wenn im Folgenden mit dem Erweitern und Kürzen fortgesetzt wird, könnte man ebenso gut mit der Addition und Subtraktion gleichnamiger Brüche beginnen. Welches Vorgehen für die einzelne Klasse am förderlichsten ist, wird jede Lehrerin selbst am besten entscheiden können.

Die enaktive Ebene - Handlungsaufgaben

Vorbemerkung zu den Fragestellungen der Handlungsaufgaben

Im Folgenden werden alle Fragestellungen für die enaktive Ebene so gestaltet, als ob die Kinder die Aufgaben selbst durchführen. Die Handlungsaufgaben sind dabei jedoch lediglich als Vorschläge zu betrachten! Sie sind dennoch bewusst konkret formuliert, damit die Lehrerin, die sich auf die Thematik vorbereitet, diese auch selbst durchführen und durch weitere Beispiele ergänzen kann.

Eine Umformulierung kann z.B. schon deshalb notwendig werden, weil die Lehrerin sich entschlossen hat, die Fragestellung vor der gesamten der Klasse – ähnlich einem naturwissenschaftlichen Experiment – zu demonstrieren/zu bearbeiten. Es gibt auf jeden Fall weitere Möglichkeiten, zu fragen bzw. das Unterrichtsgespräch zu lenken, um zu gewünschten Beobachtungen, Überlegungen oder Erkenntnissen zu führen!

Erweitern und Kürzen

Zunächst wollen wir uns einmal klar machen, was beim Erweitern und Kürzen gemeint ist.

Beim Erweitern werden Bruchteile in mehrere gleich große Bruchstücke zerteilt. Die Anzahl der Teilungen pro Bruchteil wird durch die so genannte „Erweiterungszahl" angegeben. Siehe die nachfolgenden Erläuterungen und Handlungsaufgaben.

Beim Kürzen wird eine bestimmte Anzahl gleich großer Bruchstücke zu größeren Bruchteilen zusammengefügt. Die „Kürzungszahl" gibt an, wie viele gleich große Bruchstücke jeweils zu einem größeren Bruchteil zusammengefügt wurden. Siehe dazu die Erläuterungen und Handlungsaufgaben auf Seite 59.

Erweitern

Das Erweitern schließt sich thematisch gut an das Zerteilen des Ganzen, wie es z.B. zur Einführung des Nenners ausgeführt wurde, an. Das Erweitern kommt zudem ganz besonders dem – von Rudolf Steiner so bezeichneten – analytischen Trieb des Kindes entgegen.

Die **Rechenregel** für das Erweitern lautet: „Beim Erweitern von Brüchen werden Zähler und Nenner mit derselben Zahl multipliziert."

Wenn wir z.B. ein Viertel mit 2 erweitern, erhalten wir zwei Achtel, also:

$$\frac{1}{4} = \frac{2}{8}$$

Aber was heißt das jetzt real, also in der physischen Welt? Wir nehmen zunächst ein Viertel. Was müssen wir tun, um zwei Achtel zu erhalten? Wir müssen das eine Viertel in zwei gleich große Teile *zer*teilen.

Jetzt nehmen wir einmal drei Viertel und erweitern sie mit 4, wir erhalten zwölf Sechzehntel, also: $\frac{3}{4} = \frac{12}{16}$

Jedes Viertel muss in vier gleich große Teile zerteilt werden. Beim Erweitern zerteilen wir also. Es werden sowohl der Zähler, als auch der Nenner größer. Das können die Kinder nun jedoch verstehen, denn die Anzahl der Teile nimmt zwar zu, aber die Größe der einzelnen Bruchteile nimmt ab und daher wird die Zahl im Nenner *größer*.

Auch hier bringt es Flexibilität in die Vorstellungen der Kinder und Abwechslung in den Unterricht, den Kindern mit unterschiedlichen Materialien Handlungsaufgaben zu geben. Zum Erweitern eignet sich Papier in verschiedenen Formen sehr gut: Rundes, quadratisches, rechteckiges oder Streifen, da es leicht zu zerteilen ist.

Handlungsaufgabe: Wir haben ein Halbes. Wenn wir das Halbe in vier gleich große Teile zerteilen, was erhalten wir dann?

Antwort: Wir erhalten vier Achtel.

Symbolebene: $\frac{1}{2} = \frac{4}{8}$

Wenn die Kinder Zeichnungen davon anfertigen, wie sie das Papier zerschnitten haben, könnte es z.B. so aussehen:

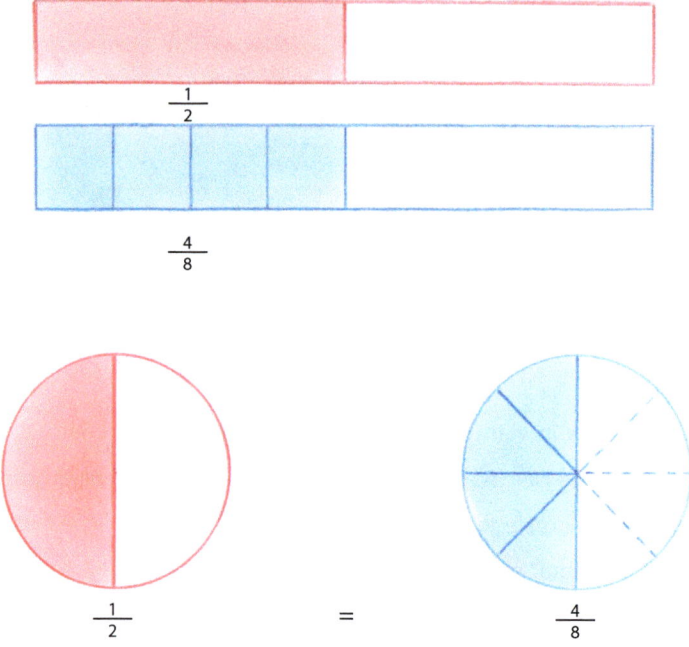

Durch die Beschriftung mit Symbolen kann die vorhergehende Handlung noch stärker in das Bewusstsein gehoben werden.

Im Laufe der Zeit, die vielleicht bei einigen Kinder sehr kurz sein kann, werden sie entdecken: Ach, ich kann das ja vorher schon ausrechnen, was am Ende rauskommen muss (und muss mir diese ganze Arbeit gar nicht machen…). Ich muss ja Zähler *und* Nenner nur mit 4 multiplizieren! Sie haben die Regel für das Erweitern selbst entdeckt, angeregt durch die Lehrerin. Als Beispiel ist dazu im Kapitel „Die ikonische Ebene" Arbeitsblatt 2 zu finden.

Und dann bleibt noch übrig zu vermitteln, dass es ja immer sehr lange dauert, wenn man sagen muss: Zerteile alle Bruchstücke in vier gleich große Teile. Schneller ist es doch, wenn man einfach sagen kann: Erweitere mit 4. Erweitere mit 7 würde dann eben bedeuten, dass alle Bruchstücke in sieben gleich große Teile zerteilt werden.

Jetzt könnte man mit dem neuen Begriff Aufgaben für die Handlungsebene, die ikonische Ebene und die Symbolebene geben und, wie im Kapitel „Umgang mit den drei Ebenen" zu Beginn des Buches beschrieben, unter Einbeziehung der Sprache von der einen zur anderen Ebene in verschiedenen Richtungen wechseln.

Die Kinder können schließlich auch entdecken: An der Größe des Bruches, genauer der *Bruchzahl*, ändert sich durch das Erweitern nichts, er bekommt aber u.a. einen anderen „Namen". Und wie immer ist es gut, diese Beobachtungen ins Gespräch zu bringen.

Kürzen

Beim Kürzen handelt es sich darum, dass die Zerteilung wieder rückgängig gemacht wird, es geht also um einen synthetischen Vorgang.

Die **Rechenregel** lautet: Brüche werden gekürzt, indem man Zähler und Nenner durch dieselbe Zahl dividiert.

Wenn wir z.B. vier Sechzehntel kürzen, erhalten wir ein Viertel, also: $\frac{4}{16} = \frac{1}{4}$

Anders ausgedrückt: Wir fügen die vier Sechzehntel zu einem Viertel zusammen.

Handlungsaufgabe:	Du hast vier Sechzehntel; wenn du diese vier Sechzehntel wieder zu einem einzigen Teil *zusammenfügst*, was erhältst du?
Antwort:	Ich erhalte ein Viertel.
Symbolebene:	$\frac{4}{16} = \frac{1}{4}$

Wie aber kann verstanden werden, was „Kürze mit ..." bedeutet?

Das soll an einem anderen Beispiel verdeutlicht werden. Die vier Sechzehntel könnten wir auch mit 2, statt – wie oben – mit 4 kürzen.

Handlungsaufgabe: Du hast vier Sechzehntel, füge immer zwei Sechzehntel zusammen, was erhältst Du?

Antwort: Ich erhalte zwei Achtel.

Symbolebene: $\frac{4}{16} = \frac{2}{8}$

Die „Kürzungszahl" beschreibt also, wie viele Teile der vorhandenen Bruchstücke jeweils zusammengefügt werden (können), sodass am Ende kein Rest an Bruchstücken übrig bleibt.

Wenn die Schüler mehrere solcher Aufgaben gelöst haben und sie im Heft auch mit Symbolen beschriftet haben, können sie entdecken, dass man auch das ausrechnen kann, bevor oder ohne dass gehandelt wird.

Es macht Sinn, auf Dauer das Wort „kürzen" statt des aufwendigen „füge zusammen" zu verwenden. In unserem ersten Beispiel haben wir vier Bruchstücke zusammengefügt. Daher haben wir mit 4 gekürzt. Im zweiten Beispiel haben wir mit 2 gekürzt und immer zwei Bruchstücke zusammengefügt. Wenn wir 24 Bruchstücke hätten und sagten: „Kürze mit 3", müssten wir immer 3 Bruchstücke zusammenfügen usw.

Beim Kürzen gilt das Gleiche wie beim Erweitern: An der Größe der Brüche, also der *Bruchzahl*, ändert sich durch das Kürzen nichts, wir fügen ja nur das Vorhandene zusammen, dadurch haben wir weniger Bruchstücke als vorher.

Da die Bruchstücke aber größer geworden sind, muss die Zahl im Nenner folgerichtig kleiner werden. Der Sinn des Kürzens ist, dass wir es dadurch im Zähler *und* im Nenner mit kleineren Zahlen zu tun haben und uns dies das Rechnen mit Brüchen deutlich erleichtern kann.

Hier gilt, wie bereits zu Beginn beschrieben: Am schönsten und sinnvollsten ist es, dass man die Kinder zur Beobachtung anregt und sie dann ihre Entdeckungen durch ein geführtes Unterrichtsgespräch, durch entsprechende Frage- bzw. Aufgabenstellungen, selbst machen lässt. Was entdeckt werden soll und was man sich für später aufheben möchte, liegt dabei im Ermessen der Lehrerin.

Besonderheiten beim Kürzen

Brüche können mit jeder beliebigen Zahl erweitert, aber nicht gekürzt werden.

Die Schüler könnten diesen Sachverhalt dadurch entdecken, dass sie selbst Brüche finden sollen, die man kürzen kann. Dabei werden sie sicherlich auch auf Brüche stoßen, die nicht zu kürzen sind. Wir können aber auch durch gezielte Fragestellungen zu dieser Erkenntnis führen.

Handlungsaufgabe: Du hast sieben Achtel, kürze sie mit 2. (Die Kinder wissen inzwischen, dass „Kürze mit 2" bedeutet: Ich muss immer zwei Bruchstücke zusammenfügen.)

Antwort: Ich erhalte drei Viertel und ein Achtel.

Symbolebene: $\frac{7}{8} = \frac{3}{4} + \frac{1}{8}$

Wir sehen: Wir können zwar sechs der Achtel immer zu zweit zusammenfügen, am Ende bleibt aber eines übrig. Also kann ich nicht mit 2 kürzen, denn ich habe am Ende nicht *einen* Bruch. In diesem Fall lässt sich der Nenner zwar ohne Rest durch 2 teilen, der Zähler jedoch nicht.

Drehen wir die Aufgabe um und würden acht Siebtel mit 2 kürzen, dann erhielten wir zwar vier statt der acht Bruchstücke, aber diese würden Dreieinhalbtel bzw. 3,5 *heißen*. Einen Bruch im Zähler oder Nenner wollen wir aber zunächst vermeiden, Dezimalzahlen wurden noch nicht eingeführt.

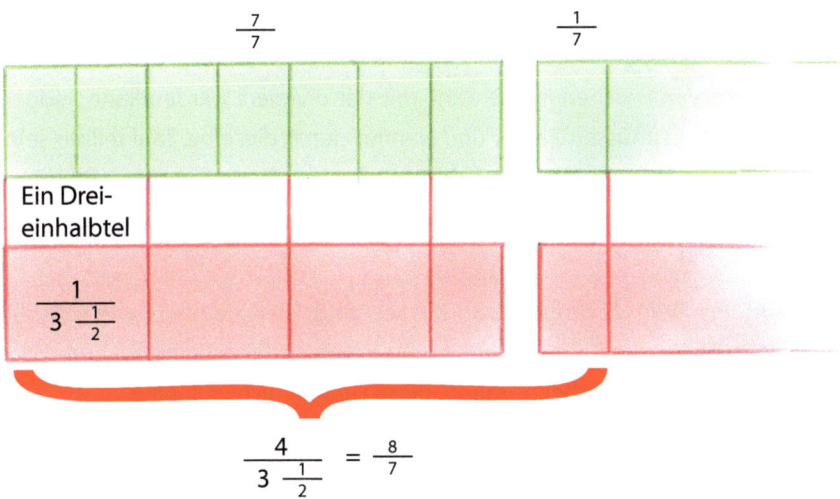

$$\frac{4}{3\frac{1}{2}} = \frac{8}{7}$$

Wie kommt es zum Nenner $3\frac{1}{2}$? Der Nenner gibt an, in wie viele Teile das Ganze geteilt wurde. Es wurde zunächst in 3 Teile geteilt und vom „4. Teil" ist dann nur noch die Hälfte da.

Diese Betrachtungen können in den Unterricht einfließen, soweit es die Lehrerin für zielführend hält. Sie können auch zunächst nur dazu dienen, sich diese Phänomene selbst klar zu machen. Mit den Kindern bespricht man dann einfach die Notwendigkeit der Teilbarkeit von Zähler *und* Nenner ohne Rest.

Erweitern und Kürzen im Vergleich

Sowohl beim Erweitern als auch beim Kürzen verändert sich die Größe des Bruches nicht, in einem Fall wird er „zerteilt", im anderen werden Bruchstücke „zusammengefügt". Das Erweitern ist also im allerbesten Sinne ein analytischer Vorgang, das Kürzen ein synthetischer.

Beim Erweitern werden die *Zahlen* im Zähler und Nenner größer, beim Kürzen kleiner. Zur Vergrößerung bzw. Verkleinerung der Zahlen (und nicht der Brüche!) multiplizieren bzw. dividieren wir Zähler und Nenner jeweils mit der gleichen Zahl.

Dem Erweitern von Brüchen sind keine Grenzen gesetzt, es können Zähler und Nenner mit jeder beliebigen Zahl multipliziert werden.

Beim Kürzen von Brüchen ist die Zahl, mit der dividiert werden kann, jedoch nicht beliebig. Es müssen Zähler *und* Nenner durch dieselbe Zahl teilbar sein, und zwar ohne Rest. (Neben der Beherrschung des Einmaleins können später Teilbarkeitsregeln eine Hilfe sein, um die Zahl, mit der gekürzt werden kann, zu bestimmen.)

Insbesondere beim Erweitern und Kürzen zeigt sich deutlich, wie sich die Freiheit im Willen des Kindes beim Erweitern voll entfalten kann, während das Kürzen, als ein synthetischer Vorgang, diese Freiheit nicht zulässt.

Gleichnamig machen

Brüche gleichnamig machen heißt: Zwei oder mehr Brüche erhalten durch Kürzen oder Erweitern denselben Nenner.

Die Frage ist, wie werden ungleichnamige Brüche gleichnamig gemacht? Diese Frage taucht spätestens im Zusammenhang mit der Addition und Subtraktion ungleichnamiger Brüche auf. Wir werden uns in diesem Kapitel zunächst darauf beschränken, wie Brüche auf einen *bestimmten*, d.h. vorher festgelegten Nenner gebracht werden können. Wie der gemeinsame Nenner zweier Brüche *gefunden* werden kann, wird im Kapitel „Addition ungleichnamiger Brüche" behandelt.

Durch Erweitern

Wie können Brüche durch Erweitern auf einen bestimmten Nenner gebracht werden? Wenn wir z.B. drei Viertel haben und wollen daraus Sechzehntel machen, was müssten wir tun?

Handlungsaufgabe: Was müssen wir tun, damit aus drei Vierteln Sechzehntel werden? Und wie viele Sechzehntel erhalten wir dann?

Antwort: Wir müssen jedes der drei Viertel mit 4 erweitern und erhalten zwölf Sechzehntel.

Symbolebene: $\frac{3}{4} = \frac{\square}{16} = \frac{12}{16}$

Hat man also nun mehrere derartige Fragestellungen sowohl auf der Handlungs- als auch auf der ikonischen Ebene durchgeführt, wäre es möglich, an folgender Frage zu arbeiten: Wie kann man ausrechnen, mit welcher Zahl erweitert werden muss? Ziel sollte es sein, dass die Schüler die Erweiterungszahl bereits *vor* der Handlung bestimmen können.

Dazu könnte es hilfreich sein, entsprechende Aufgaben auf der ikonischen Ebene lösen zu lassen und zu beschriften. Im Kapitel „Die ikonische Ebene" findet sich dazu beispielhaft Arbeitsblatt 3.

Ergänzend zum bisherigen Erweitern wird also nicht mehr *nur* gefragt, was wir erhalten, wenn wir einen Bruch mit einer Zahl x erweitern, sondern es wird notwendig,

1. vorher zu berechnen, mit welcher Zahl wir den Bruch erweitern müssen, damit er einen bestimmten Nenner hat und
2. anschließend muss der Bruch mit dieser Zahl noch erweitert werden.

Durch Kürzen

Auch durch Kürzen können Brüche gleichnamig bzw. auf denselben Nenner gebracht werden.

Handlungsaufgabe:	Was müssen wir tun, damit aus zwölf Sechzehnteln Achtel werden? Und wie viele Achtel erhalten wir dann?
Antwort:	Wir müssen die zwölf Sechzehntel mit 2 kürzen und erhalten dann sechs Achtel.
Symbolebene:	$\frac{12}{16} = \frac{\square}{8} = \frac{6}{8}$

Die Zahl, mit der man kürzen kann, um auf einen festgelegten Nenner zu kommen, muss vor dem Kürzen errechnet werden. Dafür ist Sicherheit beim kleinen Einmaleins bzw. bei den Einmaleins-Reihen die beste Voraussetzung! Diese Art des Kürzens ist die Voraussetzung für das Gleichnamig machen durch Kürzen, wie es bei der Addition bzw. Subtraktion ungleichnamiger Brüche gebraucht wird.

Unechte und gemischte Brüche

Zu dem Themenkomplex „Erweitern und Kürzen", gehört auch noch das Thema unechte und gemischte Brüche. Es wird dann im Unterricht behandelt werden, wenn es sinnvoll erscheint. Auf der Handlungsebene kann man es bereits im 4. Schuljahr bearbeiten.

Um einen *echten* Bruch handelt es sich, wenn der Zähler *kleiner* als der Nenner ist. Um einen *unechten* Bruch handelt es sich, wenn der Zähler *größer* als der Nenner ist. Unechte Brüche lassen sich umwandeln in eine ganze Zahl und den übrigbleibenden echten Bruch, so erhalten wir einen *gemischten Bruch*. Ebenso lässt sich ein gemischter Bruch in einen unechten Bruch umwandeln.

Echter Bruch	Zähler kleiner als Nenner	$\frac{3}{8}$
Unechter Bruch	Zähler größer als Nenner	$\frac{11}{8}$
Gemischter Bruch	Ganze Zahl und echter Bruch	$1\frac{3}{8} = 1 + \frac{3}{8}$

Welches Rechenzeichen muss man sich eigentlich zwischen 1 und $\frac{3}{8}$ „denken", was wurde dort weggelassen? Zwischen der ganzen Zahl und dem Bruch könnte immer ein *Additionszeichen* stehen! Diese Einsicht kann später bei der Addition und Subtraktion von gemischten Brüchen sehr hilfreich sein. Diesbezüglich gibt es einen bedeutenden Unterschied zur Algebra, bei der man sich bei dem Ausdruck „ac" immer ein Multiplikationszeichen zwischen „a" und „c" denken muss.

Vom gemischten Bruch zum unechten Bruch

Wenn man $2\frac{3}{16}$ in einen unechten Bruch umwandeln will, kann man so rechnen:

- Der Nenner des Bruches wird mit der Anzahl der Ganzen multipliziert:
  $2 \cdot 16 = 32$

- Zu diesem Ergebnis wird die Anzahl der weiteren Bruchstücke addiert:
  $32 + 3 = 35$

- so erhält man den Zähler, der Nenner bleibt gleich:
  $2\frac{3}{16} = \frac{35}{16}$

Zunächst könnte es sinnvoll sein zu erläutern, wie man gemischte Brüche nennt. In der Alltagssprache kennen wir den Ausdruck: „Er kommt in ein-dreiviertel Stunden." Damit ist gemeint, dass er in einer Stunde und 45 Minuten kommen wird.

Die Umwandlung eines gemischten in einen echten Bruch kann man folgendermaßen veranschaulichen:

Handlungsaufgabe:	Wir haben „Eindreisechzehntel". Was können wir tun, damit wir nur noch Sechzehntel haben?
Antwort:	Wir können das Ganze zu Sechzehnteln erweitern und die drei Sechzehntel addieren.
Symbolebene:	$1 \frac{3}{16} = \frac{16}{16} + \frac{3}{16} = \frac{19}{16}$

Vom unechten Bruch zum gemischten Bruch

Wenn man $\frac{21}{8}$ in einen gemischten Bruch umwandeln will, dann teilen wir *nur* den Zähler durch 8. Man erhält eine ganze Zahl sowie den „Rest": 21 : 8 = 2 Ganze, Rest 5. Es handelt sich dabei also um eine Division mit Rest. Der „Rest" ergibt jetzt den Zähler des echten Bruches an $2 \frac{5}{8}$. Wie lässt sich auf der Handlungsebene ein unechter Bruch in einen gemischten Bruch umwandeln?

Handlungsaufgabe:	Du hast elf Achtel. Füge die entsprechende Anzahl von Achteln zu einem Ganzen zusammen. Was erhältst Du?
Antwort:	Wir haben „Eindreiachtel" erhalten, also ein Ganzes *plus* drei Achtel.
Symbolebene:	$\frac{11}{8} = 1 + \frac{3}{8} = 1 \frac{3}{8}$

Wir haben acht Achtel zu einem Ganzen *zusammengefügt*, dabei handelt es sich also um einen Vorgang des Kürzens.

Zusammenfassung

Durch Größenvergleiche sowie die Auseinandersetzung mit dem Erweitern und Kürzen ist den Kindern klar geworden, was ein wesentlicher Aspekt beim Bruchrechnen ist: Für eine Bruchzahl gibt es (unendlich) viele verschiedene Brüche, die alle denselben Wert, d.h. dieselbe Größe haben!

Zudem haben die Schüler nach der Erarbeitung der Begriffe „Kürzen" und „Erweitern" auch die Möglichkeit, Brüche gleichnamig zu machen und sie damit auf eine noch andere Weise miteinander zu vergleichen. Kürzen und Erweitern sowie Gleichnamig machen sind an vielen Stellen Grundlagen für das Rechnen mit Brüchen. Und nicht zuletzt ist ein Verständnis des Kürzens und Erweiterns zur Umwandlung unechter bzw. gemischter Brüche hilfreich.

Welche Aspekte wann im Unterricht behandelt werden, hängt ganz von der einzelnen Epochenplanung ab.

Addition

Bei der Addition von Brüchen gibt es einen deutlichen Unterschied zwischen der Addition gleichnamiger und ungleichnamiger Brüche. Darauf soll im Folgenden eingegangen werden.

Addition gleichnamiger Brüche

Die **Rechenregel** für die Addition gleichnamige Brüche lautet: Gleichnamige Brüche werden addiert, indem man die Zähler addiert und den Nenner beibehält.

Die Addition gleichnamiger Brüche ist, wenn der Begriff „Bruch" entwickelt wurde, ein relativ rasch zu behandelndes Thema, deshalb wird es auch häufig schon zu Beginn des Bruchrechnens bearbeitet.

Es würde für viele Schüler schon ausreichen, wenn man – ohne Anschauung – einfach fragt: „Wie viel sind drei Achtel plus zwei Achtel?" Voraussetzung ist allerdings, dass sie eine Vorstellung von dem haben, was mit „Achtel" gemeint ist. Ansonsten ist diese Art von Aufgaben schon deshalb so einfach, weil sie an Additionsaufgaben aus den vergangenen Schuljahren erinnert und man die Brüche wie „Quasikardinalzahlen" behandeln kann.

Man kann selbstverständlich auch hier mit der Handlungsebene beginnen.

Handlungsaufgabe: Wie viel sind drei Achtel plus vier Achtel?

Antwort: Drei Achtel plus vier Achtel sind sieben Achtel.

Symbolebene: $\frac{3}{8} + \frac{4}{8} = \frac{7}{8}$

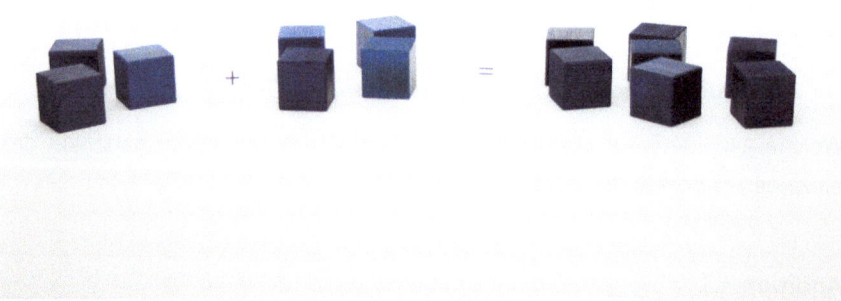

Man könnte aber Schülern, die ansonsten gelangweilt wären, Aufgaben auf der Symbolebene geben und sie dazu eine Geschichte, eine Handlungsaufgabe, eine oder mehrere Zeichnungen o.ä. erfinden lassen, siehe Arbeitsblatt 2 im Kapitel „Die ikonische Ebene"

Lenkt man dann den Blick der Schüler auf die entsprechenden Phänomene, kann man sehr rasch die Rechenregel (mit ihnen) formulieren.

Addition ungleichnamiger Brüche

Die **Rechenregel** für die Addition ungleichnamiger Brüche lautet: Ungleichnamige Brüche werden addiert, indem man sie zunächst gleichnamig macht und dann addiert, indem man die Zähler addiert und den Nenner beibehält.

Es ist eine ganz neue Erfahrung für die Kinder, dass man zwei Zahlen nicht einfach addieren kann. Daher ist ein häufiger Fehler, wenn dieses Thema längere Zeit nicht behandelt wurde, dass bei der Addition ungleichnamiger Brüche einfach die Zähler und Nenner addiert werden. (Dann wäre $\frac{1}{2} + \frac{1}{8}$ „=" $\frac{2}{10}$.)

Die Frage bleibt, warum kann man eigentlich ungleichnamige Brüche nicht so (einfach) addieren? Wir nehmen einmal die Aufgabe ein Halbes plus drei Achtel als Beispiel.

Handlungsaufgabe:	Wie viel sind ein Halbes plus drei Achtel?
Antwort:	Ein Halbes und drei Achtel sind sieben Achtel.
Symbolebene:	$\frac{1}{2} + \frac{3}{8} = \frac{4}{8} + \frac{3}{8} = \frac{7}{8}$

Wir beginnen, indem wir die Bruchstücke auf den Tisch stellen.

Wir können erkennen, dass wir auf der Handlungsebene nicht weiterkommen. Was sollten wir anderes antworten als: Ein Halbes plus drei Achtel ist ein Halbes plus drei Achtel.

Jetzt kann man die Schüler z.B. fragen: Was könnten wir denn jetzt machen? Vielleicht entwickeln sie Ideen.

Wir haben das Halbe also gegen vier Achtel getauscht, bzw. wir müssen das Halbe in vier Teile *zerteilen*, also mit 4 *erweitern*.

Wann haben wir denn ein „Ergebnis"? (Die gemischten Brüche lassen wir zunächst beiseite.) Wenn wir ein Ergebnis einer Bruchrechenaufgabe haben wollen, muss hinter dem Bruchstrich immer *ein* Gleichheitszeichen stehen. Was bedeutet es nun, wenn am Ende *ein* Bruch rauskommen muss? Das bedeutet, dass alle Würfel, die am Ende auf dem Tisch liegen, *dieselbe* Farbe, also denselben Nenner haben müssen. Daher müssen sie vor der Addition *gleichnamig* gemacht werden! (s. dazu das Kapitel „Gleichnamig machen").

Es könnte sehr hilfreich sein, ausreichend derartiger Handlungsaufgaben durchzuführen, damit z.B. der oben bezeichnete „Fehler" bei der Addition ungleichnamiger Brüche vielleicht gar nicht mehr so oft auftaucht. Die Schüler haben dann eine innere *Erfahrung*, dass das eben nicht so wie bei der gewöhnlichen Addition geht. Wie bereits erwähnt, sollten die Erlebnisse durch die Sprache ins Bewusstsein erhoben werden, sonst ziehen sie vorüber.

Einen gemeinsamen Nenner finden

In der vorherigen Aufgabe war der Nenner des zweiten Bruches gleichzeitig der gemeinsame Nenner. Das muss aber nicht immer so sein. Um eine derartige Fragestellung auf der enaktiven Ebene zu lösen, eignen sich Plastik-Bausteine sehr gut.

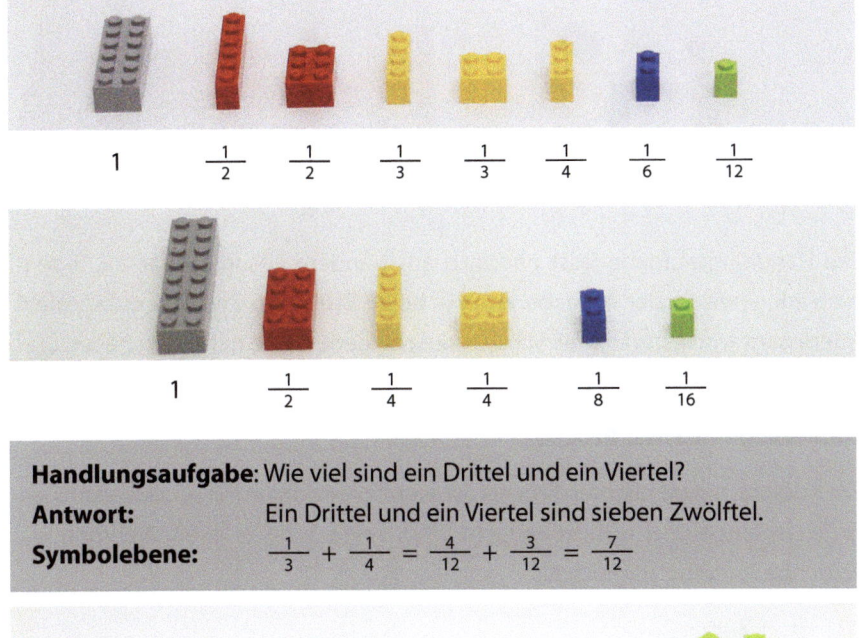

Handlungsaufgabe: Wie viel sind ein Drittel und ein Viertel?

Antwort: Ein Drittel und ein Viertel sind sieben Zwölftel.

Symbolebene: $\frac{1}{3} + \frac{1}{4} = \frac{4}{12} + \frac{3}{12} = \frac{7}{12}$

$$\frac{1}{3} + \frac{1}{4} = \frac{4}{12} + \frac{3}{12} = \frac{7}{12}$$

Will man den gemeinsamen Nenner – ohne auf der Handlungsebene ausprobieren zu müssen – berechnen, könnte man den Nenner des ersten und zweiten Bruches miteinander multiplizieren. Lässt man die Kinder noch weitere Beispiele durchführen und dann notieren, könnten sie diesen Zusammenhang selbst entdecken.

In der oben stehenden Aufgabe haben wir durch Erweitern gleichnamig gemacht. Bei folgender Aufgabe kann man durch Kürzen gleichnamig machen.

Handlungsaufgabe: Wie viel ist ein Halbes plus drei Sechstel?

Antwort: Ein Halbes plus drei Sechstel sind ein Ganzes.

Symbolebene: $\frac{1}{2} + \frac{3}{6} = \frac{1}{2} + \frac{1}{2} = 1$

$$\frac{1}{2} \quad + \quad \frac{3}{6} \quad = \quad \frac{1}{2} \quad + \quad \frac{1}{2} \quad = \quad 1$$

Die Handlungsaufgabe lässt natürlich auch andere Lösungswege zu, indem man z.B. – wie in der Aufgabe zuvor – beide Brüche in Zwölftel umwandelt. Interessant wird es, wenn die Schüler verschiedene Wege gefunden haben und man diese dann vergleicht.

Addition gemischter Brüche

Die Addition mit gemischten Brüchen ist, wenn die Addition mit ungleichnamigen Brüchen eingeführt und beherrscht wird, keine Schwierigkeit. Nehmen wir folgende Aufgabe als Beispiel:

$$1\,\frac{1}{4} + 2\,\frac{3}{8} = \square$$

Beim Rechnen kann sich nun die Frage stellen: Muss ich die gemischten Zahlen in unechte Brüche umwandeln oder nicht? Bei der Multiplikation – auf die wir noch zu sprechen kommen – ist das z.B. durchaus notwendig. Um diese Frage für die Addition zu beantworten, stellen wir uns einmal die Würfel hin:

Es ist sofort einsichtig, dass ich die Ganzen und dann die (ungleichnamigen) Brüche wie gewohnt addieren kann.

Ich könnte also die Zahlen in der Aufgabe gemäß Kommutativgesetz umstellen:

$$1\,\frac{1}{4} + 2\,\frac{3}{8} = \square$$

$$1 + 2 + \frac{1}{4} + \frac{3}{8} = 3\,\frac{5}{8}$$

Diesen Sachverhalt können wir uns auch verdeutlichen, indem wir uns daran erinnern, dass bei gemischten Brüchen zwischen der ganzen Zahl und dem Bruch eigentlich ein Additionszeichen „steht".

Fazit

Es lässt sich viel forschen und entdecken, wenn man ungleichnamige Brüche addiert! Das kann Spaß machen und ist gar nicht so schwierig, wenn Grundvorstellungen für den Umgang mit Brüchen bereits vorhanden sind.

Rechnerisch betrachtet sind die Addition sowie Subtraktion ungleichnamiger Brüche allerdings ein komplexes Thema. Zum Gleichnamig machen im Rahmen einer Addition oder Subtraktion von Brüchen sind folgende Schritte notwendig:

1. Erst muss ein gemeinsamer Nenner gefunden werden.
2. Dann muss die Zahl bestimmt werden, mit der man erweitern oder kürzen muss.
3. Dann müssen alle bzw. einzelne Brüche mit dieser Zahl erweitert oder gekürzt werden.

Wann dieses Ziel angestrebt werden sollte, hängt sicherlich von der einzelnen Klasse ab, im 4. Schuljahr wird das eher nicht sinnvoll sein. Ob die Zeit dafür in der 5. Klasse reif ist oder erst zu einem noch späteren Zeitpunkt, wird jede Lehrerin selbst entscheiden. Vielleicht wäre das auch einmal ein Thema für eine pädagogische Konferenz.

Subtraktion

Wie bei der Addition gibt es bei der Subtraktion gleichnamiger und ungleichnamiger Brüche deutliche Unterschiede. Zudem sind bei der Subtraktion noch andere wesentliche Gesichtspunkte zu beachten.

Subtraktion gleichnamiger Brüche

Die **Rechenregel** lautet: Gleichnamige Brüche werden subtrahiert, indem man den Zähler subtrahiert und den Nenner beibehält.

Die Subtraktion gleichnamiger Brüche unterscheidet sich im Prinzip nicht von der Addition gleichnamiger Brüche. Allerdings soll an dieser Stelle auf einen wesentlichen Unterschied aufmerksam gemacht werden, der sich spätestens auf der ikonischen Ebene bemerkbar macht.

Nehmen wir als Beispiel die Rechenaufgabe $\frac{5}{8} - \frac{2}{8} = \square$ Beim Zeichnen könnte man dazu neigen, die Rechenaufgaben so darzustellen, wie sie auf der Symbolebene erscheint. Das würde dann so aussehen:

So nicht!

Was haben wir hier denn eigentlich veranschaulicht? Wir haben die Brüche veranschaulicht ($\frac{3}{16}$, $\frac{2}{8}$, $\frac{3}{8}$), aber nicht den eigentlichen *Vorgang*, auf den es ja ankommt! Überträgt man das, was gezeichnet wurde, auf die enaktive Ebene, so hätte man zunächst fünf Achtel-Würfel liegen, dann lägen noch einmal drei Achtel-Würfel auf dem Tisch. Dazwischen müssten sich die Kinder ein Rechenzeichen denken. Wir hätten dann also insgesamt acht – statt der fünf – Achtel sowie ein vorgestelltes Rechenzeichen auf dem Tisch „liegen." Zu *sehen* sind aber acht Achtel. Der Zusammenhang mit der ursprünglichen Aufgabe ist nicht mehr erkennbar. Daher wäre ein möglicher Weg zur Veranschaulichung auf der enaktiven Ebene der folgende:

Handlungsaufgabe: Du hast 5 Achtel und nimmst 2 Achtel weg, wie viele Achtel bleiben übrig?

Antwort: Es bleiben drei Achtel übrig.

Symbolebene: $\frac{5}{8} - \frac{2}{8} = \frac{3}{8}$

Wir haben bei einer Subtraktion also immer eine Vorher- und Nachher-Situation. Die zwei Achtel, die man zunächst noch gesehen hat, sind nachher „weg". Wie lässt sich das zeichnerisch darstellen? Es gibt dafür sicherlich verschiedene Möglichkeiten, hier zwei Vorschläge, einer für den Fall, dass vorher mit Würfeln gearbeitet wurde, ein anderer für die Veranschaulichung mit Papier.

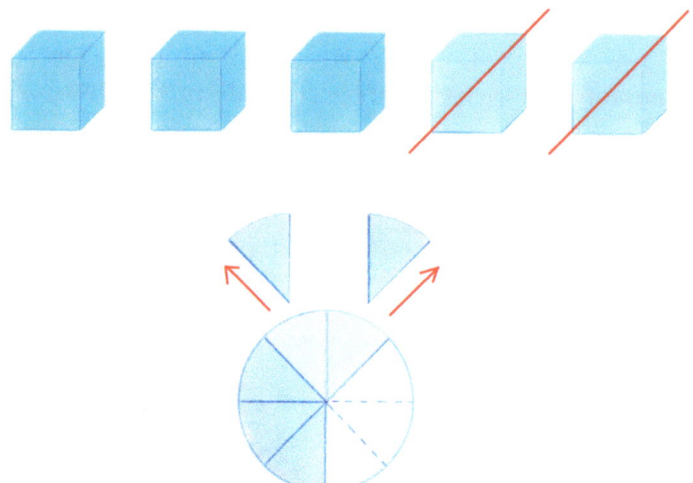

Bei der Subtraktion gleichnamiger Brüche könnte man auch eine andere Fragestellung wieder aufgreifen:

Handlungsaufgabe: Wie viele Achtel muss ich von fünf Achteln wegnehmen,
damit zwei Achtel übrig bleiben?

Antwort: Ich muss drei Achtel wegnehmen, damit noch zwei
Achtel übrig bleiben.

Symbolebene: $\frac{5}{8} - \square = \frac{2}{8}$

Zu dieser Art der Subtraktion führt Rudolf Steiner im Zusammenhang mit der
anschaulichen Einführung der Grundrechenarten aus: „Da kommt in die ganze
Subtraktion Leben, wirkliches Leben hinein. Wenn man *nur* (Hervorhebung d.
Verfasserin) danach fragt: Wieviel bleibt übrig – bringt das nur Totes in die Seele
des Kindes hinein. Sie müssen immer darauf bedacht sein, überall das Lebendige,
nicht das Tote in das Kind hineinzubringen."[30]

Haben die Kinder einige dieser Aufgaben durchgeführt, werden sie sicherlich schnell entdecken, wie man das einfach rechnen kann. Dann kann die Rechenregel formuliert werden.

Ansonsten gelten die Ausführungen im Kapitel „Addition gleichnamiger Brüche" auch für die Subtraktion gleichnamiger Brüche.

Subtraktion ungleichnamiger Brüche

Die **Rechenregel** für die Subtraktion ungleichnamiger Brüche lautet: Ungleichnamige Brüche werden subtrahiert, indem man sie zunächst gleichnamig macht und dann subtrahiert, indem man die Zähler subtrahiert und den Nenner beibehält.

Zur Einführung könnte man folgende Frage stellen:

Handlungsaufgabe: Wir haben ein Ganzes und wollen davon ein Achtel wegnehmen, was können wir tun?

Antwort: Wir müssen das Ganze zunächst in Achtel zerteilen, d.h. mit 8 erweitern.

Symbolebene: $1 - \frac{1}{8} = \frac{8}{8} - \frac{1}{8} = \frac{7}{8}$

Um sich der Fragestellung zu nähern, kann man zunächst einen ganzen Würfel vor die Kinder stellen.

Wie man sieht, muss man das Ganze erst in acht gleich große Teile zerteilen, also mit 8 erweitern, um die Lösung zu finden.

Eine ähnliche Fragestellung wäre:

Handlungsaufgabe: Von drei Vierteln soll ein Achtel weggenommen werden. Was bleibt übrig?

Antwort: Es bleiben zwei Viertel und ein Achtel bzw. fünf Achtel übrig.

Symbolebene: $\frac{3}{4} - \frac{1}{8} = \frac{6}{8} - \frac{1}{8} = \frac{5}{8}$

Man stellt zunächst drei Viertel hin. Da sich davon nicht ein Achtel wegnehmen lässt, verwandelt man ein Viertel in zwei Achtel.

Jetzt wird ein Achtel weggenommen, man hat folgende Situation:

Für die Handlungsaufgabe muss zunächst nur ein Viertel in zwei gleich große Teile zerteilt, also mit 2 erweitert werden. Um zu einem Ergebnis zu kommen, das aus nur einem Bruch besteht, müssen dann noch die zwei restlichen Viertel zu Achteln erweitert werden.

Will man die Aufgabe rein rechnerisch lösen, könnte man es auch genauso machen. Praktischer ist es aber, wenn man gleich zu Beginn mit 2 erweitert, also die Brüche erst gleichnamig macht und dann die Subtraktion durchführt. So wie es die Regel besagt.

Ansonsten gelten die Ausführungen des Kapitels „Addition ungleichnamiger Brüche", siehe dort.

Subtraktion gemischter Brüche

Genauso wie bei der Addition gemischter Brüche ist die Frage, ob man vorher gleichnamig machen muss. Die Frage ist bei der Subtraktion nicht ganz so klar zu beantworten. Generell kann gesagt werden, dass man ohne Weiteres zunächst die Ganzen voneinander abziehen kann. Machen wir es an einem Beispiel:

$$3 \, \frac{2}{16} - 1 \, \frac{3}{16} = \square$$

Handlungsaufgabe: Wir wollen von „Dreizweisechzehntel" „Ein-dreisechzehntel" wegnehmen, was bleibt übrig?

Antwort: Es bleiben ein Ganzes und fünfzehn Sechzehntel übrig, also „Einfünfzehnsechzehntel".

Symbolebene: $3 \, \frac{2}{16} - 1 \, \frac{3}{16} = 1 \, \frac{15}{16}$

Problemlos können wir ein Ganzes wegnehmen und haben folgende Situation:

Aber nun können wir nicht einfach die drei Sechzehntel wegnehmen. Daher können wir folgendes tun:

Und dann die drei Sechzehntel wegnehmen.

Wenn man die Subtraktion mit gemischten Brüchen durchführen möchte, können zunächst die Ganzen abgezogen werden. Nun muss u.U. ein Ganzes erweitert werden, um die Subtraktion bis zum Ende zu führen. Die oben aufgeführte Handlungsaufgabe könnte daher so gerechnet werden:

$$3\,\tfrac{2}{16} - 1\,\tfrac{3}{16} = 2 + \tfrac{2}{16} - \tfrac{3}{16} = 1 + \tfrac{18}{16} - \tfrac{3}{16} = 1\,\tfrac{15}{16}$$

Man könnte selbstverständlich, wenn es sinnvoller erscheint, auch sofort alle gemischten Brüche in unechte Brüche umwandeln und dann rechnen:

$$3\,\tfrac{2}{16} - 1\,\tfrac{3}{16} = \tfrac{50}{16} - \tfrac{19}{16} = 1\,\tfrac{15}{16}$$

Multiplikation

Sowohl die Multiplikation als auch die Division von Brüchen lässt sich von verschiedenen Gesichtspunkten her anschauen. Es ist auf der Handlungsebene ein Unterschied, ob ich einen Bruch mit einer natürlichen Zahl multipliziere oder eine natürliche Zahl mit einem Bruch. Rein rechnerisch ist dies nicht der Fall, denn im Ergebnis ist drei mal ein Siebtel dasselbe wie ein Siebtel mal drei. Dennoch gebührt diesem Unterschied Aufmerksamkeit, wenn wir uns in der physischen Welt, d.h. der Anschauung befinden! Noch komplexer wird es, wenn wir uns eine Grundvorstellung von ein Drittel mal ein Viertel bilden wollen. Daher sollen alle drei Fälle im Folgenden betrachtet werden.

Ganze Zahl mal Bruch

Die **Rechenregel** lautet: Brüche werden mit einer ganzen Zahl multipliziert, indem man den Zähler mit der ganzen Zahl multipliziert.

Wie man einen Bruch mit einer ganzen Zahl multipliziert, ist ebenso leicht zu durchschauen wie die Addition und Subtraktion gleichnamiger Brüche.

Handlungsaufgabe: Wie viel sind zweimal drei Sechzehntel?

Antwort: Zweimal drei Sechzehntel sind sechs Sechzehntel. (Gekürzt drei Achtel.)

Symbolebene: $2 \cdot \tfrac{3}{16} = \tfrac{6}{16}\,(= \tfrac{3}{8})$

Wir erhalten sechs Sechzehntel. Man beachte, dass die „2" nicht als Menge, sondern als **Anzahl** der „Sechzehntel-Päckchen" auf der Abbildung erscheint. Hätten wir 5 mal drei Sechzehntel genommen, dann wären nicht irgendwo fünf Bruchstücke, sondern wir hätten jetzt eben 5 Dreier-Päckchen und insgesamt fünfzehn Sechzehntel.

Nur wenige Beispiele dieser Art wird es benötigen, bis die Kinder das Ergebnis berechnen und dann auch bald die Regel formulieren können.

Zur Bedeutung des Multiplikationszeichens

Wie wir bereits gesehen haben, können Ziffern, aber auch der Bruchstrich im Rahmen der Bruchrechnung verschiedene Bedeutungen haben. Dasselbe gilt allerdings auch für das Multiplikationszeichen. Es kann sowohl „mal" als auch „von" bedeuten. Die Rechenaufgabe 3 • 5 können wir zweifach lesen: Wir können sagen: „Drei **mal** 5", wir können aber auch sagen: „Das Dreifache **von** 5".

Bezogen auf das Bruchrechnen hatten wir bereits zu Beginn ein Beispiel. Die Frage: „Heute sind drei Viertel **von** 28 Kindern anwesend. Wie viele Kinder sind also in der Klasse?", kann auf der Symbolebene so notiert werden: $\frac{3}{4}$ • 28 = 21 (vergleiche: „Das Dreifache von 5")

Um die Kinder daran zu gewöhnen, dass das Multiplikationszeichen auch „von" bedeuten kann (denn so wurde es vorher vermutlich selten benutzt), kann es

Sinn machen, entsprechende Aufgaben zunächst mit dem ausgeschriebenen Wort „von" zu stellen, also etwa

$$\frac{3}{4} \text{ von } 28 = \square$$

und zu einem späteren Zeitpunkt dieses Wort durch das Multiplikationszeichen zu ersetzen.

Bruch mal ganze Zahl

Wir hatten oben das Beispiel: $2 \cdot \frac{3}{16} = \square$. Nun drehen wir die Aufgabe einmal um, dann hätten wir $\frac{3}{16} \cdot 2 = \square$

Handlungsaufgabe:	Im Sinne der Ausführungen zum Multiplikationszeichen: Wie viel sind drei Sechzehntel von zwei Ganzen?
Antwort:	Drei Sechzehntel von zwei Ganzen sind sechs Sechzehntel.
Symbolebene:	$\frac{3}{16} \cdot 2 = \frac{6}{16} \left(= \frac{3}{8} \right)$

Zunächst stellen wir einmal 2 Ganze hin:

Wie sollen wir jetzt bestimmen, wie viel davon drei Sechzehntel sind? Vielleicht kommen die Kinder auf die Idee, dass wir doch in Sechzehntel umwandeln, d.h. mit 16 erweitern können.

Dann nehmen wir zunächst drei Sechzehntel von dem ersten Ganzen und dann nochmal drei Sechzehntel von dem zweiten Ganzen.

So haben wir *je* drei Sechzehntel von zwei Ganzen! (Wie viel der verbliebene Teil der Ganzen ist, interessiert bei dieser Aufgabenstellung nicht, daher erscheinen sie auf dem Foto auch nicht mehr!) Insgesamt erhalten wir sechs Sechzehntel oder gekürzt drei Achtel.

Man könnte auch anders zur Lösung kommen: Wir zerteilen die zwei Ganzen in 16 Teile (wir erhalten Achtel) und nehmen davon drei Teile, d.h. wir haben jetzt drei Achtel.

Es ist deutlich zu erkennen, dass „2 mal drei Sechzehntel" und „$\frac{3}{16}$ von zwei" völlig verschiedene Aufgabenstellungen sind, obwohl rein rechnerisch kein Unterschied besteht.

Der Bruch als Operator – Kopfrechnen und Textaufgaben

Nun kommen wir im Rahmen des Kapitels „Bruch mal ganze Zahl" zu dem Aspekt „Bruch als Operator". Unter diesem Aspekt verwenden wir die Bruchrechnung häufig im Alltag, daher könnte es auch angebracht sein, diesen Aspekt von Bruchzahlen einzuführen. Auf der Handlungsebene eignen sich sowohl die Kinder der Klasse, als auch jede Art von Gegenständen gut zur Veranschaulichung.

Handlungsaufgabe: Wir sind 27 Kinder. Zwei Drittel *von* den 27 Kindern sollen vorne stehen, wie viele sind das?

Antwort: Zwei Drittel von 27 Kindern sind 18 Kinder.

Symbolebene: $\frac{2}{3} \cdot 27 = 18$

Für die Lösung der Handlungsaufgabe können mit den Kindern Vorschläge erarbeitet werden. Da kann es viele verschiedene Ideen geben. Sinnvollerweise wird man so vorgehen: Wir teilen die Klasse in drei gleich große Gruppen auf. Dafür kann ausgerechnet werden, wie viele Kinder in einer Gruppe sein müssen. Es handelt sich um eine Aufgabe aus dem Anfangsrechnen. Jetzt stellen sich diese beiden Gruppen vorne auf und man kann wieder ausrechnen, wie viele das jetzt sind. So erhält man die Antwort auf die Ausgangsfrage. Es kann sein, dass es Kinder gibt, die das Ergebnis bereits direkt nach der Fragestellung wissen/sagen. Gerade für solche Kinder kann es wichtig sein, ihr Denken auch am Lebenspraktischen zu schulen. Sie könnten die Aufgabe erhalten, zu beschreiben, wie das jetzt *organisiert* werden könnte, um den Handlungsauftrag zu erfüllen. (Am Ende müssten dann zwei gleich große Gruppen vorne stehen.)

Es macht Sinn, das Geschehen anschließend in einer Zeichnung festzuhalten, um sich dessen noch einmal bewusst zu werden.

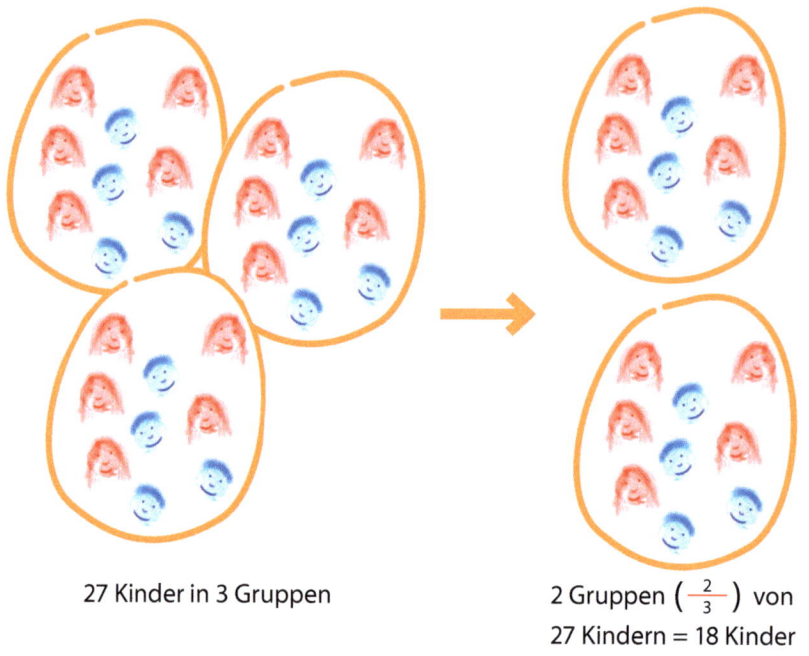

27 Kinder in 3 Gruppen
2 Gruppen $\left(\frac{2}{3}\right)$ von
27 Kindern = 18 Kinder

Machen wir uns noch einmal klar: Wir teilen 27 durch 3 (in drei gleiche Gruppen aufteilen) und multiplizieren dann mit 2 (zwei Gruppen nach vorne stellen).

Führt man verschiedene solcher Aufgaben auf der Handlungsebene durch, kann deutlich werden, wie das gerechnet werden muss. Es handelt sich ja lediglich um einen bestimmten Rechen*weg*, die eigentlichen Rechenaufgaben gehören zum Einmaleins. Insbesondere diese Art von Aufgaben eignet sich sehr gut zum Kopfrechnen! Auch kleine Rechengeschichten lassen sich damit erfinden. Rechengeschichten lassen sich verschriftlichen und dadurch in Textaufgaben überführen.

Bruch mal Bruch

Die **Rechenregel** für die Multiplikation mit Brüchen lautet: Bei der Multiplikation von Brüchen werden Zähler und Nenner miteinander multipliziert.

Nähern wir uns der Multiplikation von Brüchen wieder auf der enaktiven Ebene.

Stellen wir zunächst einmal ein Halbes hin.

Wie können wir davon jetzt ein Viertel bestimmen? Wir zerteilen das Halbe in vier gleich große Teile! Dann erhalten wir

Von den entstandenen Bruchteilen nehmen wir jetzt ein Stück.

Damit haben wir ein Viertel von einem Halben erhalten, das wir nun als ein Achtel vom Ganzen bestimmen bzw. erkennen können. Das Ergebnis ist auf der Handlungsebene nachzuvollziehen und stimmt auch rein rechnerisch.

Dennoch könnte man ins Nachdenken kommen: Warum ist nicht ein einziges Viertel zu sehen, wenn es doch „ein Viertel" heißt? Auf den Fotos sehen wir nur Halbe und Achtel. Hier lässt sich gut verdeutlichen, dass es sich bei Brüchen immer um Bezugsgrößen handelt. Und „ein Viertel von einem Halben" bezieht sich auf den halben Würfel. Er ist in diesem Fall das Ganze. Von *diesem* Ganzen soll ein Viertel bestimmt werden. Sowohl das Halbe als auch das spätere Ergebnis beziehen sich allerdings auf den ganzen Würfel, daher erhalten wir *1/8 vom ganzen* Würfel! Anders ausgedrückt: Das eine Viertel vom *halben* Würfel ist ein Achtel des *ganzen* Würfels! Inwiefern man das mit den Kindern besprechen möchte, kann jede Lehrerin selbst abschätzen. Es kann auch reichen, einfach bei dem zu bleiben, was man sieht. Und man sieht eben ein Achtel als Ergebnis.

Versuchen wir anhand des obigen Beispiels die Rechenregel anfänglich zu „verstehen": Wenn wir ein Viertel von einem Halben haben wollen, zerteilen wir das Halbe zunächst in 4 gleich große Teile. Das führt dazu, dass wir jetzt viermal so viele Teile wie vorher haben, sich der Nenner vervierfacht, also erhalten wir Achtel.

Es ist leicht einzusehen, dass wir 3 Achtel als Ergebnis hätten, wenn wir die Handlungsaufgabe geben würden: Wieviel sind drei Viertel von einem Halben? Auf der Symbolebene: $\frac{3}{4} \cdot \frac{1}{2} = $.

Nehmen wir noch ein anderes Beispiel.

Handlungsaufgabe: Wie viel ist drei Viertel von zwei Dritteln?

Antwort: Drei Viertel von zwei Dritteln sind sechs Zwölftel (gekürzt: $\frac{1}{2}$).

Symbolebene: $\frac{3}{4} \cdot \frac{2}{3} = \frac{6}{12} = \frac{1}{2}$

$$\frac{2}{3} \longrightarrow \frac{4}{12} + \frac{4}{12} \longrightarrow \frac{6}{12} = \frac{1}{2}$$

Zerteilt
in vier   davon
drei Viertel

Wir zerteilen die beiden Drittel zunächst jeweils in 4 gleich große Teile. Dann erhalten wir Zwölftel und zwar 2 mal 4 Zwölftel. Nun nehmen wir von jedem „Stapel" je 3 Bruchstücke und erhalten zum Schluss 6 Zwölftel (die man jetzt nochmal kürzen könnte).

Führt man ein paar solcher Beispiele durch, dann können vielleicht manche Kinder auch erkennen, wie man die Aufgaben ausrechnen könnte, ansonsten zeigt die Lehrerin selbst, wie man das rechnen kann. Auch das werden die Schüler nachvollziehen können.

Multiplikation mit gemischten Brüchen

Wie sieht es bei der Multiplikation mit gemischten Brüchen aus? Machen wir uns das folgendermaßen klar.

Handlungsaufgabe: Wie viel ist zweieinhalb *mal* 1 Achtel?

Antwort: Zweieinhalb mal 1 Achtel ist 5 Sechzehntel.

Symbolebene: $2\frac{1}{2} \cdot \frac{1}{8} = \frac{5}{2} \cdot \frac{1}{8} = \frac{5}{16}$

Was müssten wir denn jetzt tun? Wir müssten uns sagen: $2\,\frac{1}{2}$ mal ein Achtel ist 2 mal ein Achtel und dann noch ein halb mal ein Achtel.

Wie man sieht, muss man am Ende die zwei Achtel erweitern, um Sechzehntel zu erhalten. Schon anhand dieses einen Beispiels kann man zeigen, dass es bei der Multiplikation mit gemischten Brüchen sinnvoll bzw. notwendig ist, die gemischten Brüche in unechte Brüche umzuwandeln. Dann könnte die Aufgabe auf der Symbolebene so gerechnet werden[31]:

$$2\,\frac{1}{2} \cdot \frac{1}{8} = \frac{5}{2} \cdot \frac{1}{8} = \frac{5}{16}$$

Mal... was anderes

In dem bereits zitierten Vortrag Rudolf Steiners in Torquay, der sich um das Anfangsrechnen mit ganzen Zahlen dreht, geht er neben der Subtraktion auch auf die Einführung der Multiplikation ein. Dazu sagt er: „Und so können Sie dann weitergehen. Sie können die Multiplikation so treiben, daß Sie sagen: Das Ganze, das Produkt ist vorhanden; wie kann man finden, wievielmal irgend etwas in diesem Produkt drinnen steckt?

Sehen Sie, da kommen Sie auf Lebendiges. Denken Sie einmal, wie tot es ist, wenn Sie sagen: Ich teile mir diese ganze Gruppe von Menschen ab, da sind drei, da sind noch einmal drei und so weiter, und ich frage jetzt: wievielmal drei sind da? – Das ist tot, da ist kein Leben drinnen. Wenn ich umgekehrt vorgehe und das Ganze nehme und frage, wie oft irgendeine Gruppe drinnen stecke, dann kann ich Leben hineinbringen. .... Also ich mache die Sache umgekehrt, gehe vom Ganzen aus, vom Produkt, und suche, wie oft ein Faktor da drinnen steckt. Dadurch belebe ich mir die Rechnungsarten und gehe vor allen Dingen vom Anschaulichen aus."[32]

Auch wenn sich diese Ausführungen nicht eins zu eins auf das Bruchrechnen übertragen lassen, könnte es doch lohnenswert sein, Rudolf Steiners Anregungen auch hier einmal aufzugreifen. Dies soll im Folgenden versucht werden. Wer sich dann selbst bemüht, die Lösungen auf der Handlungsebene zu finden, wird sicherlich seine inneren Denkbewegungen bemerken.

Ganze Zahl mal Bruch:

Wir haben ein Viertel. Wie oft sind zwei Sechzehntel darin enthalten?
Wir haben zwei Drittel. Wie oft ist ein Zwölftel darin enthalten?

$$\frac{1}{4} = \square \cdot \frac{2}{16} \quad \text{und} \quad \frac{2}{3} = \square \cdot \frac{1}{12}$$

Bruch mal ganze Zahl:

Wir haben 8. Welcher Teil von 16 ist darin enthalten?
Wir haben 15. Welcher Teil von 20 ist darin enthalten?

$$8 = \square \cdot 16$$
$$15 = \square \cdot 20$$

Bruch mal Bruch

Wir haben ein Sechzehntel. Welcher Teil von einem Achtel steckt dort drin?
Wir haben zwei Zwölftel. Welcher Teil von einem Viertel steckt dort drin?

$$? \cdot \frac{1}{8} = \frac{1}{16}$$
$$? \cdot \frac{1}{4} = \frac{2}{12}$$

Wir können an dieser Stelle bereits den Zusammenhang zwischen Multiplikation und Division bemerken und sind damit beim nächsten Kapitel.

Division

Erstaunliche Ergebnisse

Wir haben alle in der Schule gelernt, dass man Brüche dividiert, indem man mit dem Kehrwert multipliziert, also:

$$\frac{1}{4} : \frac{1}{2} = \frac{1}{2} \qquad \frac{1}{4} : \frac{1}{2} = \frac{1}{4} \cdot \frac{2}{12} = \frac{2}{4} = \frac{1}{2}$$

Aber stimmt das Ergebnis überhaupt? Wieso ist das Ergebnis genau so groß wie der Teiler und größer als die Ausgangszahl?

Andere Divisionsaufgaben beim Bruchrechnen dürfen ebenfalls erstaunen:

$$\frac{3}{4} : \frac{3}{16} = 4 \qquad \frac{3}{4} : \frac{3}{16} = \frac{3}{4} \cdot \frac{16}{3} = \frac{48}{124} = 4$$

Wieso das denn? Das scheint doch merkwürdig zu sein. Wir teilen etwas und nachher haben wir mehr als vorher?

Es gibt aber auch Aufgaben, die unserem Empfinden für das, was richtig sein muss, eher entsprechen:

$$\frac{1}{4} : \frac{3}{2} = \frac{1}{6} \qquad \frac{1}{4} : \frac{3}{2} = \frac{1}{4} \cdot \frac{2}{3} = \frac{2}{12} = \frac{1}{6}$$

Zumindest ist jetzt das Ergebnis wie gewohnt kleiner als die Ausgangszahl. Aber was soll man sich unter „ein Viertel geteilt durch drei Halbe" eigentlich vorstellen? Und wieso kommt dann ein Sechstel heraus?

Rechenzeichen: Symbole für Bewegungsvorgänge

Wir haben bereits bemerkt, dass beim Bruchrechnen dieselbe Ziffer unterschiedliche Bedeutungen haben kann und auch, dass der Bruchstrich für sehr unterschiedliche Verhältnisse stehen kann.

Wie ist es aber mit den Rechenzeichen? Beim Subtrahieren ist bereits ganz klar geworden, dass wir die Bedeutung des Subtraktionszeichens nicht verstehen können, wenn wir uns dieses Zeichen einfach auf dem Tisch „denken". Das Subtraktionszeichen steht für einen *Bewegungsvorgang*. Es „sagt" mir: Nimm etwas weg! (Es kann auch, wie im Kapitel „Subtraktion" ausgeführt, anders verstanden werden!) Es steht für eine Tat. Im Raum bedeutet das immer, dass wir Materie bewegen müssen. *Wie* sie bewegt werden muss, das wird uns durch das Rechensymbol gesagt. Rechenoperationen sind also Bewegungsvorgänge, die wir Erwachsenen ganz selbstverständlich rein im Denken vollziehen.

Wofür steht nun das Divisionszeichen? Die Tatsache, dass bei Divisionsaufgaben zwei unterschiedliche Fragen gestellt werden können, wird allen bekannt sein. Wir wollen uns das an einem Beispiel aus dem Bereich der natürlichen Zahlen klar machen:

$24 : 4 = 6$

1. Wie viel ist 24 geteilt durch 4?   Teilen
2. Wie oft ist die 4 in 24 enthalten?   Messen

Das Divisionszeichen steht dabei jedoch nicht nur für zwei unterschiedliche Fragestellungen, sondern auch für zwei verschiedene Bewegungsvorgänge. Verfolgen wir bei beiden Fragestellungen unser Denken, werden wir bemerken, dass auch unsere Denkbewegungen je nach Fragestellung unterschiedlich sind.

Um uns den Unterschied zwischen beiden Fragestellungen zu veranschaulichen, führen wir diese Aufgabe einmal mit Kindern einer Klasse beispielhaft durch.

Teilen

Die erste Möglichkeit ist die, dass wir die 24 Kinder in vier gleich große Gruppen aufteilen wollen. Wie man dabei vorgehen kann, wird oft im Sportunterricht praktiziert. Es gibt 4 Kinder, die wählen dürfen und dann wird nacheinander und immer abwechselnd ein Kind aufgerufen, wir haben nachher 4 Mannschaften mit 6 Kindern, d.h. 24 Kinder geteilt durch 4 sind 6 Kinder. Diese Art der Division nennt man „teilen".

Handlungsaufgabe: Wir haben 24 Kinder und wollen daraus vier gleich große Mannschaften machen, wie viele Kinder sind dann in jeder Mannschaft?

Symbolebene: $24 : 4 = 6$

Antwort: In jeder Mannschaft sind sechs *Kinder*.

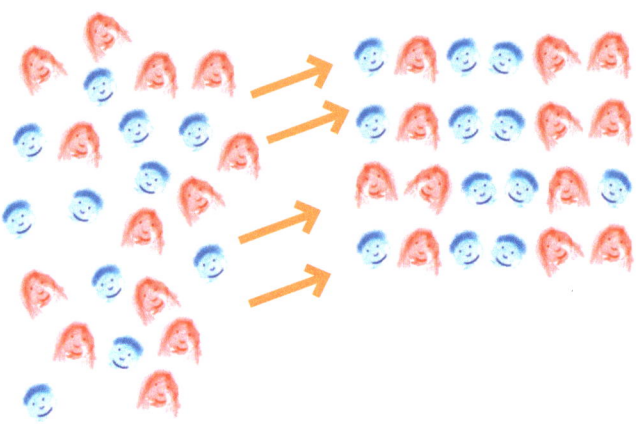

(Ver-)teilen

Messen

Die zweite Möglichkeit ist die, dass wir wieder 24 Kinder haben und bestimmen möchten, wie viele Gruppentische wir benötigen, wenn an jedem Gruppentisch 4 Kinder sitzen sollen.

Handlungsaufgabe: Hier haben wir 24 Kinder. An jedem Gruppentisch sollen 4 Kinder sitzen, wie viele Gruppentische brauchen wir?

Symbolebene: $24 : 4 = 6$

Antwort: Wir brauchen sechs *Gruppentische*.

So können wir bei der Lösung vorgehen: Zunächst können sich 4 Kinder hinsetzen, dann wieder 4 usw. Wir brauchen also 6 Gruppentische für 24 Kinder. In diesem Falle haben wir abgemessen.

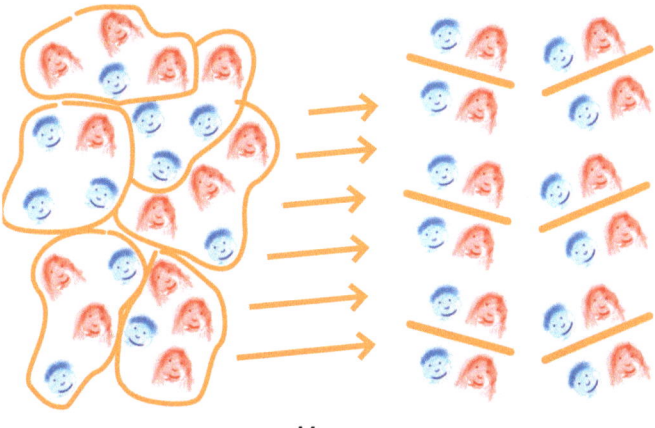

Messen

Deutlich ist, dass wir durch das andere Vorgehen am Ende auch eine völlig andere Situation haben. (Ver-)teilen wir die Kinder, haben wir am Ende 4 Mannschaften mit 6 Kindern, messen wir ab, haben wir am Ende 6 Gruppen/Mannschaften mit 4 Kindern.

Dividend größer als der Divisor

In den folgenden beiden Absätzen wird dargestellt, wie man ohne die „Kehrwertregel" Brüche miteinander dividieren kann, *wenn* die Ausgangszahl, d.h. der Dividend, größer als der Teiler, d.h. der Divisor, ist. Ob man das an dieser Stelle mit den Schülern bespricht oder zunächst auf der Anschauungsebene bleibt, mag jede Lehrerin selbst entscheiden. Anzumerken sei nur, dass alle Aufgaben selbstverständlich auch unter Zuhilfenahme des Kehrwertes (s.u.) berechnet werden können!

Quotient eine ganze Zahl

Relativ leicht zu durchschauen sind Divisionsaufgaben, bei denen das Ergebnis (Quotient) eine ganze Zahl ist. Das kann nur dann der Fall sein, wenn die Ausgangzahl größer als der Teiler ist. Hier können wir das Ergebnis durch Messen ermitteln. Nehmen wir eine der Aufgaben, die zu Beginn des Kapitels aufgeführt wurden.

Handlungsaufgabe: Wie oft passen drei Sechzehntel in drei Viertel?

Symbolebene: $\dfrac{3}{4} : \dfrac{3}{16} = 4$

Antwort: In drei Viertel passen drei Sechzehntel vier mal rein.

Bildet man die Umkehraufgabe zu dieser Aufgabe, dann haben wir:

$4 \cdot \frac{3}{16} = \frac{12}{16} = \frac{3}{4}$. (s. Kapitel „Multiplikation")

Kennt man den Zusammenhang, kann man sich schnell weitere Aufgabenbeispiele ausdenken.

Diese Art der Divisionsaufgaben lassen sich in der Anschauung leicht durchführen. Wie könnte man sie mathematisch lösen? Man könnte – wie bei der Addition und Subtraktion ungleichnamiger Brüche – beide Brüche auf den gleichen Nenner bringen und dann die Division wie folgt durchführen: Zähler des ersten Bruches geteilt durch den Zähler des zweiten Bruch sowie Nenner des ersten Bruchs geteilt durch Nenner des zweiten Bruchs durchführen.

$$\frac{3}{4} : \frac{3}{16} = \frac{12}{16} : \frac{3}{16} = \frac{4}{1} = 4$$

Ob es Sinn macht, das mit den Schülern zu erarbeiten, muss jede Lehrerin selbst entscheiden.

Quotient ein gemischter Bruch

Ist die Ausgangszahl größer als der Teiler, kann beim Bruchrechnen nicht nur eine ganze Zahl im Ergebnis stehen, es kann durchaus auch eine gemischte Zahl sein.

Handlungsaufgabe: Wie oft passen drei Achtel in 9 Sechzehntel?

Symbolebene: $\frac{9}{16} : \frac{3}{8} = 1\frac{1}{2}$

Antwort: Drei Achtel passen in neun Sechzehntel **eineinhalb mal** rein.

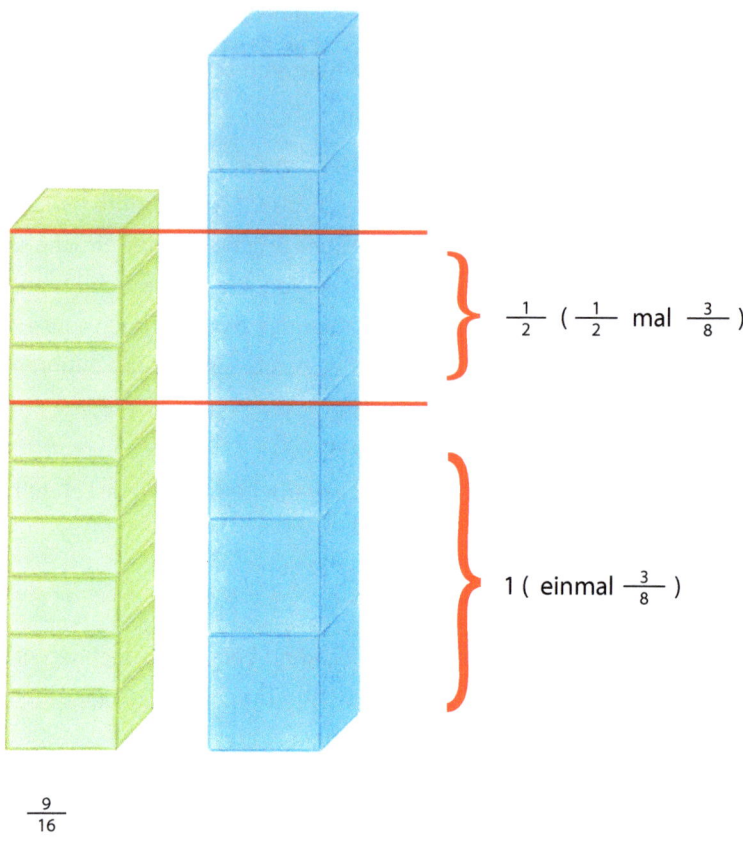

$$\frac{9}{16}$$

Man sieht, dass die ersten drei Achtel einmal ganz hineinpassen, von den weiteren drei Achteln passt nur die Hälfte hinein.

Wenn der Dividend größer als der Divisor *und* der Zähler bzw. der Nenner des ersten Bruches durch den Zähler bzw. den Nenner des zweiten Bruches teilbar sind, könnte man einfach den Zähler des ersten Bruches durch den Zähler des zweiten Bruches und den Nenner des ersten Bruches durch den Nenner des zweiten Bruches dividieren, dann hätten wir

$$\frac{9}{16} \; : \; \frac{3}{8} = \frac{3}{2} = 1\,\frac{1}{2}$$

Dies ist ein spezieller Fall im Rahmen der Bruchrechnung. Es könnte dennoch Sinn machen, die Schüler das entdecken zu lassen.

Man könnte dieses Vorgehen auch in weniger offensichtlichen Fällen wählen:

$$\frac{5}{7} : \frac{3}{8} = ?$$

Wir könnten zunächst auf einen gemeinsamen Nenner bringen:

$$\frac{5}{7} : \frac{3}{8} = \frac{40}{56} : \frac{21}{56} = ?$$

Nun könnte man die Zähler dividieren, also

$$40 : 21 = 1 \text{ Rest } 19.$$

Das Ergebnis würde also lauten: $\frac{5}{7} : \frac{3}{8} = 1\frac{19}{56}$.

Dividend kleiner als der Divisor

Einen Bruch durch eine ganze Zahl teilen

Für die Schüler sind derartige Aufgabenstellungen ganz neu. Bisher hat es nie den Fall gegeben, dass eine kleinere Zahl durch eine größere Zahl geteilt wird. Weder bei den Einmaleins Aufgaben, noch beim schriftlichen Dividieren, da hieß es immer: „Geht nicht." Und jetzt geht es doch?

Die Division eines Bruches mit einer ganzen Zahl ist relativ leicht zu durchschauen. Die **Rechenregel** lautet: Brüche werden durch eine ganze Zahl dividiert, indem man den Nenner mit der ganzen Zahl multiplizierst und der Zähler beibehalten wird.

Handlungsaufgabe: Wie viel ist ein Halbes verteilt auf acht?

Symbolebene: $\frac{1}{2} : 8 = \frac{1}{16}$

Antwort: Ein Halbes verteilt auf acht ist ein Sechzehntel.

Man sieht, dass jeder *ein* Sechzehntel erhält, wenn ich sie auf acht (Kinder) verteile. Das könnte man auch so mit Kindern durchführen, indem man die Bruchwürfel tatsächlich auf die Kinder verteilt und dann fragt: Wie viel hat jedes Kind?

Antwort: Jedes Kind hat ein Sechzehntel.

Wir nehmen noch ein anderes Beispiel:

Handlungsaufgabe: Wie viel ist drei Viertel verteilt auf zwei?

Symbolebene: $\frac{3}{4} : 2 = \frac{3}{8}$

Antwort: Drei Viertel verteilt auf zwei ist drei Achtel.

An dieser Stelle ist es von Bedeutung, sich klar zu machen, was der Unterschied zwischen der Division und dem Erweitern ist. Wenn man den Vorgang auf der Handlungsebene beobachtet, wird zunächst mit 2 erweitert. Das Wesentliche bei der Division ist aber, dass jetzt *verteilt* wird und dann die eigentliche Frage ist:

Was liegt auf jedem „Haufen"? (Oder: Was bekommt jeder?)

Auf der mathematischen Ebene kann die Division mit dem Kürzen verwechselt werden, da bei beiden dividiert wird. Haben die Schüler genügend klare Grundvorstellungen ausgebildet, wird ihnen der Unterschied jedoch rasch klar werden können. Sinnvoll könnte es sein, an dieser Stelle das Kürzen im Vergleich noch einmal zu veranschaulichen. Gekürzt mit 8 ist eben etwas völlig anderes als geteilt durch 8!

Es gilt: Bei der Division geht es nicht *nur* um die Umwandlung eines Bruches, sondern um das (Ver-)teilen bzw. Messen. Dazu muss auf der Handlungsebene allerdings zunächst umgewandelt, d.h. erweitert werden.

Auf diese Weise kann die Rechenregel verstanden werden: Ich zerteile zunächst und verteile dann. Dadurch verkleinert sich die Größe der Bruchstücke, die Anzahl pro „Haufen" bleibt in diesem Fall jedoch gleich.

Wie bei allen Divisionsaufgaben ist die Frage, ob das von den Schülern in diesem Ausmaß bereits in der 4./5. Klasse durchschaut werden muss. Sie können aber aus der Anschauung heraus, wenn sie verschiedene solcher Aufgaben durchgeführt, ikonisiert und beschriftet haben, die Rechenregel durchaus entdecken.

Echte Brüche teilen

Die **Rechenregel** für die Division von Brüchen lautet: Brüche werden dividiert, indem man den ersten Bruch mit dem Kehrwert des zweiten Bruchs multipliziert. So schlicht diese Regel klingt, so schwer ist sie zu verstehen. Wir werden zunächst ganz auf der anschaulichen Ebene bleiben, auf der man die Division von und mit Brüchen durchaus durchführen kann.

Im Anschluss wird noch auf das Phänomen des „Kehrwertes" eingegangen und auf die Frage, ob sich die Rechenregel für die Division von Brüchen auf eine ähnliche Weise wie bisher erarbeiten lässt.

Wir gehen nun zu den Aufgabenstellungen über, die am häufigsten unverstanden sind. Kommen wir auf die Aufgaben vom Beginn des Kapitels zurück:

$$\frac{1}{4} : \frac{1}{2} = ?$$

Welche Frage ist für die Handlungsebene zielführend? Wenn wir fragen: „Was ist ein Viertel verteilt auf ein Halbes?", wissen wir nicht so recht, was wir tun könnten. Mit dem Verteilen kommen wir nicht weiter. Wie sieht es mit dem Vorgang des Messens aus? Da der Teiler (Divisor) in diesem Fall größer ist als der Dividend (Ausgangszahl) können wir nicht fragen, wie oft das Halbe in ein Viertel passt. Es passt nämlich kein einziges Mal in das Viertel. Daher könnte die Frage Sinn machen, *wie viel von* dem Halben in das Viertel hineinpasst.

Handlungsaufgabe: Wie viel von einem Halben passt in ein Viertel?

Symbolebene: $\frac{1}{4} : \frac{1}{2} = \frac{1}{2}$

Antwort: Von einem Halben passt die Hälfte in ein Viertel.

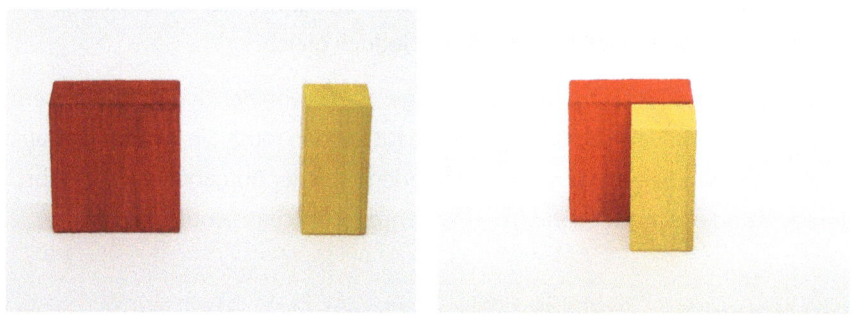

Auch hier ist es notwendig, sich klar zu machen, worauf die Antwort bzw. das Ergebnis, das auf der Symbolebene schlicht „1/2" heißt, sich bezieht. Dieses „1/2" bezieht sich jetzt nicht auf den ganzen Würfel, sondern auf den Teiler, den Divisor. Daher bedeutet dieses „1/2" am Ende: Die Hälfte von dem *anfänglichen* Halben.

Echten Bruch durch unechten Bruch teilen

Wir betrachten nun die letzte der zu Beginn des Kapitels aufgeführten Aufgaben:

$\frac{1}{4} : \frac{3}{2} = ?$

Handlungsaufgabe: Wie viel von drei Halben passt in ein Viertel?

Symbolebene: $\dfrac{1}{4} : \dfrac{3}{2} = \dfrac{1}{6}$

Antwort: Von den drei Halben passt ein Sechstel in ein Viertel.

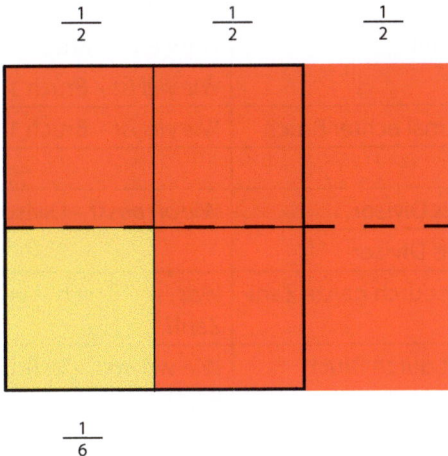

Wiederum bezieht sich das Ergebnis auf den Teiler, also auf 3/2. Von den drei Halben passt ein Sechstel in ein Viertel. Das Viertel (der Dividend) selbst bezieht sich aber auf ein Ganzes, es ist also ein Viertel von einem Ganzen.

Wie wir sehen, werden die Bezugsgrößen bei der Division entscheidend und es ist ein bewegliches Denken notwendig, um die Zahlen, die auf der Symbolebene ganz schlicht erscheinen, zur richtigen Größe in Beziehung zu setzen!

Zum Rechnen müssen bei der Division gemischte Brüche in unechte Brüche umgewandelt werden.

Fragenliste zur Multiplikation und Division

Für den schnellen Überblick über die Handlungsaufgaben bzw. Fragen für die Multiplikation und Division hier eine Übersicht.

Multiplikation	
Ganze Zahl mal Bruch	*Wie viel ist* – ganze Zahl – *mal* – Bruch?
Bruch mal ganze Zahl	*Wie viel ist* – Bruch – *von* – ganze Zahl?
Bruch mal Bruch	*Wie viel ist* – Bruch 1 – *von* – Bruch 2?
Gemischter Bruch mal echter Bruch	*Wie viel ist* – Bruch 1 – *mal* – Bruch 2?
Division:	
Dividend größer als Divisor	*Wie oft passt* – Divisor – *in* – Dividend?
Dividend kleiner als Divisor	
a) Bruch geteilt durch ganze Zahl	*Was ist* – Bruch – *verteilt auf* – ganze Zahl?
b) Bruch geteilt durch Bruch	*Wie viel von* – 2. Bruch – *passt in* – 1. Bruch?

Beispiele

Multiplikation	
3 · 3/8 =	Wie viel ist 3 *mal* 3/8?
3/8 · 3 =	Wie viel ist 3/8 *von* 3?
1/4 · 3/4 =	Wie viel ist 1/4 *von* 3/4?
1 1/2 · 3/8	Wie viel ist 1 1/2 *mal* 3/8?
Division:	
Dividend größer als Divisor	
1/2 : 2/8 =	*Wie oft passt* 2/8 in 1/2?
Dividend kleiner als Divisor	
a) 3/4 : 4 =	*Was ist* 3/4 *verteilt auf* 4?
b) 1/4 : 1/2 =	*Wie viel von* 1/2 *passt in* 1/4?

Der Kehrwert

Rechenregel

Allein durch viele Beispiele wird es kaum wie bisher möglich sein, die Kinder zum Entdecken der Rechenregel zu führen, verständlich ist sie auch allein aus diesen Beispielen nicht. In diesem Fall könnte man also durchaus pragmatisch vorgehen und einfach zeigen, dass man bei der Division von Brüchen zum richtigen Ergebnis kommt, wenn man mit dem Kehrwert multipliziert.

Es lässt sich aber – in höheren Klassen – durchaus zeigen bzw. beweisen, warum das zum richtigen Ergebnis führen muss. Beginnen wir mit einem anschaulichen Beispiel, auf das ein einfacher mathematischer Beweis folgt.

Es wäre zu veranschaulichen bzw. zu beweisen, dass

$$\frac{1}{4} : \frac{3}{2} \text{ das gleiche ist wie } \frac{1}{4} \cdot \frac{2}{3}$$

Kehrwert anschaulich

Handlungsaufgabe: Wie viel von drei Halben passt in ein Viertel?

Antwort: Von den drei Halben passt ein Sechstel in ein Viertel.

Symbolebene: $\frac{1}{4} : \frac{3}{2} = \frac{1}{6}$

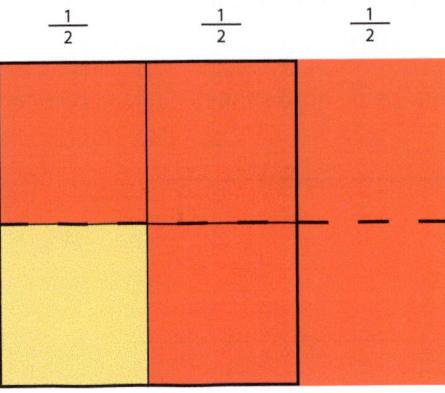

$$\frac{1}{2} \qquad \frac{1}{2} \qquad \frac{1}{2}$$

Man sieht, dass $\frac{1}{6}$ von den drei Halben in das eine Viertel hineinpasst. (Die gelbe Fläche ist ein Viertel vom Ganzen, aber $\frac{1}{6}$ von drei Halben.)

Wendet man nun die Regel für das Bruchrechnen an und multipliziert mit dem Kehrwert – in diesem Falle mit 2/3 –, würde die Fragestellung folgendermaßen lauten:

Handlungsaufgabe: Wie viel ist ein Viertel von zwei Dritteln?

Antwort: Ein Viertel von zwei Dritteln ist ein Sechstel.

Symbolebene: $\frac{1}{4} \cdot \frac{2}{3} = \frac{2}{12} = \frac{1}{6}$

Ich brauche also zwei Drittel und muss davon ein Viertel nehmen.

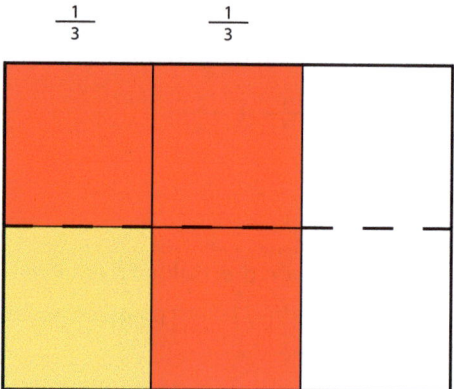

Wenn ich ein Viertel von zwei Dritteln nehme, bekomme ich ein Sechstel. (Die gelbe Fläche ist ein Viertel von zwei Dritteln, aber ein Sechstel vom Ganzen.)

Jetzt legen wir einmal beide Abbildungen direkt untereinander

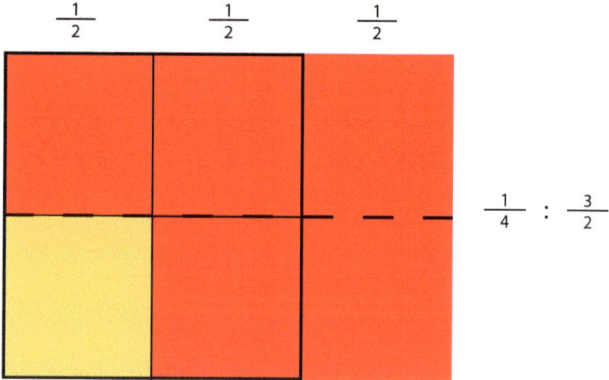

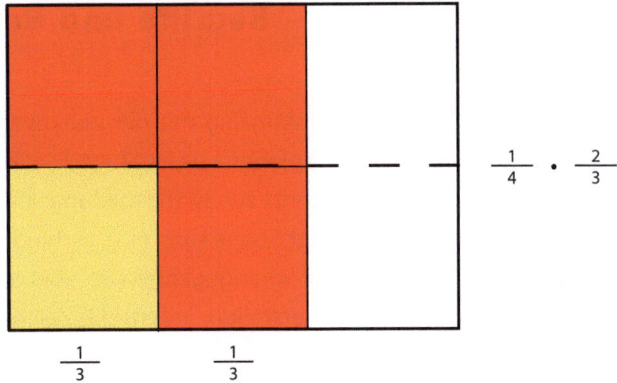

Abgesehen davon, dass das Ergebnis bei beiden Aufgaben dasselbe ist, erkennt man die Ähnlichkeit der Abbildungen. Man erkennt aber auch, dass sich die Bezugsgrößen der Ergebnisse ändern: Einmal ist das Ergebnis ein Sechstel von 3 Halben, beim anderen Mal ist das Ergebnis ein Sechstel von 1 Ganzen. Rein mathematisch macht das jedoch keinen Unterschied. Daher kann man bei der Division von Brüchen mit dem Kehrwert multiplizieren.

Mathematischer Beweis

Mathematisch lässt sich das folgendermaßen zeigen:

Am Beispiel:

$$\frac{a}{b} : \frac{c}{d} = x$$

$$\frac{1}{4} : \frac{3}{2} = x$$

$$\frac{\frac{a}{b}}{\frac{c}{d}} = x \qquad \Big| \cdot \frac{c}{d}$$

$$\frac{\frac{1}{4}}{\frac{3}{2}} = x \qquad \Big| \cdot \frac{3}{2}$$

$$\frac{a}{b} = x \cdot \frac{c}{d} \qquad \Big| \cdot d$$

$$\frac{1}{4} = x \cdot \frac{3}{2} \qquad \Big| \cdot 2$$

$$\frac{a}{b} \cdot d = x \cdot c \qquad \Big| \cdot c$$

$$\frac{1}{4} \cdot 2 = x \cdot 3 \qquad \Big| : 3$$

$$\frac{a}{b} \cdot \frac{d}{c} = x = \frac{a}{b} : \frac{c}{d}$$

$$\frac{1}{4} \cdot \frac{2}{3} = x = \frac{1}{4} : \frac{3}{2}$$

Die ikonische Ebene – Begriffe und Rechenregeln erarbeiten

Bisher haben wir uns schwerpunktmäßig mit der enaktiven, also der Handlungsebene, sowie mit der Symbolebene beschäftigt. Die ikonische Ebene ist jedoch ein ganz wesentlicher Schritt zur Begriffsbildung sowie zum Erkennen von Gesetzmäßigkeiten. Auf dieser Ebene kann eine Verbindung zur Handlung hergestellt werden, die eventuell vorangegangen ist, aber sie kann auch eine Verbindung zur Symbolebene herstellen, indem die Zeichnungen mit Symbolen beschriftet werden. Insofern bildet sie das eigentliche Verbindungsstück zwischen beiden Ebenen.

Handlung ⟷ Zeichnung ⟷ Symbol

Es kann Sinn machen, dass die Kinder Handlungsaufgaben, die in der Klasse durchgeführt wurden, zunächst zeichnen, entweder frei und individuell von den einzelnen Kindern oder vorgegeben durch die Lehrerin, z.B. durch eine Zeichnung an der Tafel. Welche Möglichkeit man wählt, hängt von den Zielen ab, die verfolgt werden.

Eine weitere Möglichkeit, bei der die ikonische Ebene eingesetzt werden kann, sind Arbeitsblätter. Weiter unten werden beispielhafte Möglichkeiten aufgezeigt und erläutert.

Warum Arbeitsblätter selbst erstellen?

Arbeitsblätter ersetzen heute häufig den Tafelanschrieb, durch den man auch in der Mathematik den Schülern (Rechen-)aufgaben geben kann. Ob und wann eine Lehrerin einen Tafelanschrieb nutzt oder kopierte Aufgabenblätter verteilt, wird eine individuelle Entscheidung sein. Auch wenn im Folgenden über Arbeitsblätter gesprochen wird, so kann das Gesagte auf einen Tafelanschrieb übertragen werden. Der Vorteil, den man an der Tafel hat, ist die Tatsache, dass man dort mit Farbe arbeiten kann. Arbeitsblätter werden wohl aus Kostengründen nur selten auf einem Farbkopierer vervielfältigt werden.

Arbeitsblätter selbst zu erstellen macht zusätzliche Arbeit und benötigt zusätzliche Zeit. Fehlt die Zeit, dann greift man gerne auf vorgefertigte Arbeitsblätter zurück. Wenn man Glück hat, dann findet man auch genau solch ein Arbeitsblatt, wie man es gerade braucht! Wenn das aber nicht der Fall ist, dann können Aufgabenstellungen, die man im Internet oder in Schulbüchern gefunden hat, durchaus anregend sein, um ein eigenes Blatt zu erstellen. Das Erstellen von Arbeitsblättern ist eine kreative Tätigkeit, die Freude machen und einen selbst noch tiefer mit dem Inhalt und auch den Kindern verbinden kann. Sie bemerken den Aufwand und die Mühen, die die Lehrerin in ihre Arbeitsblätter gesteckt hat, durchaus.

Nachfolgend werden einige Gesichtspunkte genannt, die für die Gestaltung eines Arbeitsblattes hilfreich sein können. Sie sollen lediglich Anregungen sein. Es sind keine Kriterien, die allesamt auf einem Arbeitsblatt berücksichtigt werden sollten oder könnten.

Gesichtspunkte für Arbeitsblätter

- Sind die einzelnen Aufgabenstellungen deutlich formuliert?

- Eine Beispielaufgabe kann für die Bearbeitung einer Aufgabenstellung sinnvoll sein.

- Es gibt unterschiedliche Möglichkeiten, Aufgaben zu lösen:

  1. Aufgaben, die handelnd (enaktiv) gelöst werden können

  2. Aufgaben, die nur durch Zeichnen, also gänzlich ohne Symbole gelöst werden können

  3. Aufgaben, die durch Ikonisieren gelöst werden können, aber mit Symbolen, d.h. Brüchen und ggf. Rechenzeichen ergänzt bzw. beschriftet werden

  4. Aufgaben, bei denen die Aufgabe auf der Symbolebene vorgegeben ist und die Schüler dazu eine Zeichnung finden sollen

  5. Aufgaben, bei denen die Schüler zu einer vorgegebenen Aufgabe eine Textaufgabe finden müssen

  usw.

- Will man Flexibilität im Denken erreichen, ist es gut, unterschiedliche Formen/ Gegenstände zu verwenden.

- Der Schwierigkeitsgrad innerhalb einer Aufgabenstellung kann unterschiedlich sein, vom Leichten zum Schweren, Differenzieren

- Es ist für die schnellen Schüler und guten Rechner immer schön, eine besondere Aufgabe zu bekommen, die sie als Herausforderung erleben können

Für die konkrete Gestaltung könnte zudem wichtig sein:

- Ist das Blatt übersichtlich?

- Haben die Zeichnungen eine angemessene Größe?

- Um die Anforderungen zu kennen, die man mit einer Aufgabe an die Schüler stellt, ist es immer gut, das vorbereitete Arbeitsblatt auch selbst zu bearbeiten und ggf. ein Lösungsblatt zu erstellen.

- Kopierbarkeit überprüfen

- Gibt es pro Aufgabe nur eine Lösung oder mehrere?

- Wie können die Schüler überprüfen, ob sie richtig gearbeitet haben? Selbst-/ Fremdkontrolle etc.

Brüche – Arbeitsblatt 1

Eine schöne Anregung, die eine bewegliche Vorstellung von Brüchen fördert, sind die folgenden Aufgabenstellungen, die die Kinder sicherlich an das Formenzeichnen erinnern, aber diesmal ganz anders...

a. Färbe von jedem Quadrat $\frac{1}{4}$. Mache es jedes mal anders.

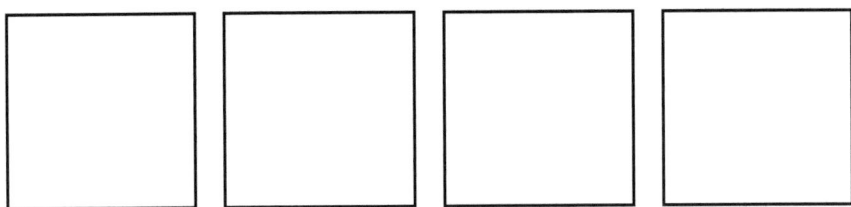

b. Färbe von jeder Figur $\frac{1}{8}$. Mache es so genau wie möglich.

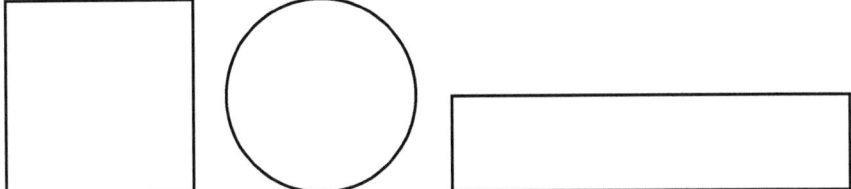

c. Färbe von jeder Figur $\frac{1}{6}$.

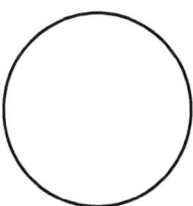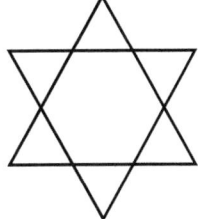

Ikonisieren und Rechengeschichten - Addition gleichnamiger Brüche

An dieser Stelle sollen Aufgabentypen genannt werden, die im Rahmen des Bruchrechnens – abgesehen von denen in den weiter unten aufgeführten Arbeitsblättern – zusätzlich gestellt werden können. Wir beschränken uns hier beispielhaft auf die Addition gleichnamiger Brüche.

Es besteht die Möglichkeit, Kindern die Aufgabe zu geben, eine oder mehrere Zeichnungen zu einer Rechenaufgabe anzufertigen. Im Kapitel „Addition gleichnamiger Brüche" wurde bereits darauf hingewiesen. Es kann sich dabei z.B. um folgende Fragestellungen handeln:

Finde mindestens fünf verschiedene Zeichnungen zur Aufgabe $\frac{1}{8} + \frac{3}{8} =$

Dabei haben die Kinder einerseits die Möglichkeit, verschiedene Formen zu benutzen, andererseits aber auch konkretere Darstellungsmöglichkeiten zu finden, indem sie z.B. Alltags-Situationen zeichnen.

Sie können, gerade wenn es sich um einfache Aufgabenstellungen handelt, auch selbst Rechengeschichten erfinden und formulieren:

Denke Dir eine Geschichte aus zu der Aufgabe: $\frac{1}{4} + \frac{3}{4} =$

Diese Art der Aufgabenstellung lässt sich auch auf andere Rechenarten beim Bruchrechnen übertragen.

Rechenregeln und -schritte mit Hilfe von Arbeitsblättern entdecken

Arbeitsblätter, die sowohl auf die Handlungsebene als auch auf die ikonische Ebene Bezug nehmen und zudem die Symbolebene bedienen, können hilfreich sein, wenn die Kinder Rechenregeln bzw. notwendige Rechenschritte selbst entdecken sollen. Im Folgenden soll dies an zwei Beispielen für das Erweitern und Gleichnamig machen durch Erweitern gezeigt werden. Dabei werden die Gesichtspunkte für die einzelnen Aufgabenstellungen erläutert, um dadurch weitere Anregungen für die Gestaltung eigener Arbeitsblätter zu geben.

Die Gestaltung von Arbeitsblättern wird allerdings immer von der Klasse, dem Fortgang des Unterrichtes und der Individualität der Klassenlehrerin abhängen. Daher lassen sich, wenn man diese Gesichtspunkte berücksichtigen möchte, dafür keine allgemein gültigen Vorlagen erstellen.

Die Aufgabenstellungen der Arbeitsblätter werden nun im Einzelnen durchgegangen und die damit zusammenhängenden didaktisch-methodischen Überlegungen erläutert.

Erweitern – Arbeitsblatt 2

Bei diesem Arbeitsblatt gehen wir davon aus, dass die Schüler bereits mit Brüchen und ihrer Schreibweise vertraut sind. Zudem haben sie bereits vielfach geübt, Brüche bzw. Bruchzahlen auf der Grundlage von Zeichnungen zu bestimmen. (s. z.B. Arbeitsblatt 1)

Thematisch geht es um die *Einführung* des Erweiterns, wobei der Begriff „Erweitern" erst nach Bearbeitung des Arbeitsblattes eingeführt werden soll. Bei dem Arbeitsblatt selbst geht es um das Erweitern mit 2, d.h. um das Zerteilen in 2.

Ziel des Arbeitsblattes ist, die Rechenregel zum Erweitern mit „2" selbst zu entdecken, um sie am Ende des Arbeitsblattes bereits selbständig anzuwenden, ohne sie ausdrücklich formulieren zu können.

Wir gehen davon aus, dass im vorangegangenen Unterricht mit den Bruchrechenwürfeln gearbeitet wurde und diese bereits auf verschiedene Art und Weise „zerteilt"[31] wurden. (s. die im Kapitel „Erweitern und Kürzen" formulierten Handlungsaufgaben.)

Die ursprünglichen und die neu entstandenen Bruchteile wurden jeweils benannt und diese Vorgänge ggf. bereits an die Tafel bzw. ins Heft gezeichnet.

Anschließend wird mit dem nachfolgend erläuterten Arbeitsblatt gearbeitet.

Erweitern – Arbeitsblatt 2

1. Wir haben ein Halbes zerteilt. Was haben wir erhalten? Du kannst die Würfel nehmen.

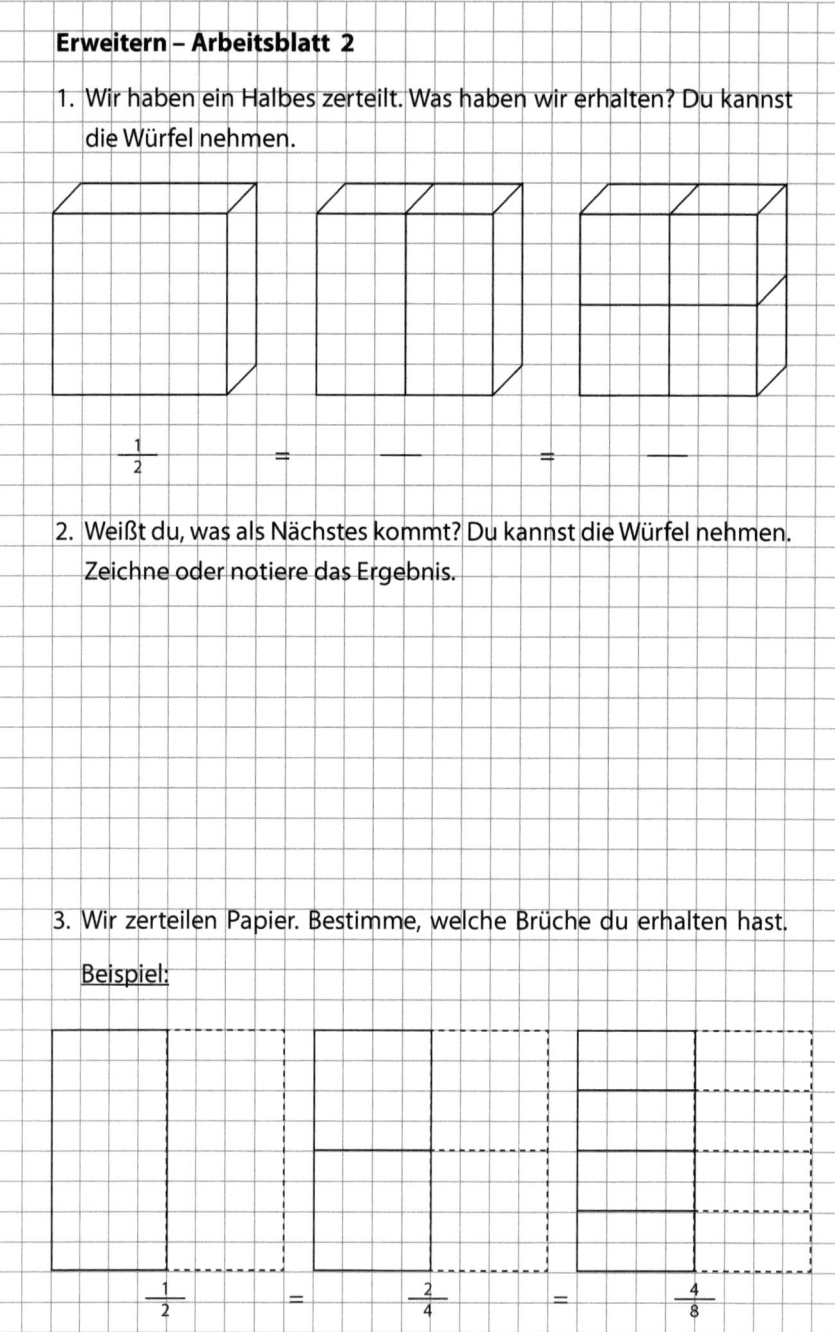

$$\frac{1}{2} = \underline{\quad} = \underline{\quad}$$

2. Weißt du, was als Nächstes kommt? Du kannst die Würfel nehmen. Zeichne oder notiere das Ergebnis.

3. Wir zerteilen Papier. Bestimme, welche Brüche du erhalten hast.

Beispiel:

$$\frac{1}{2} = \frac{2}{4} = \frac{4}{8}$$

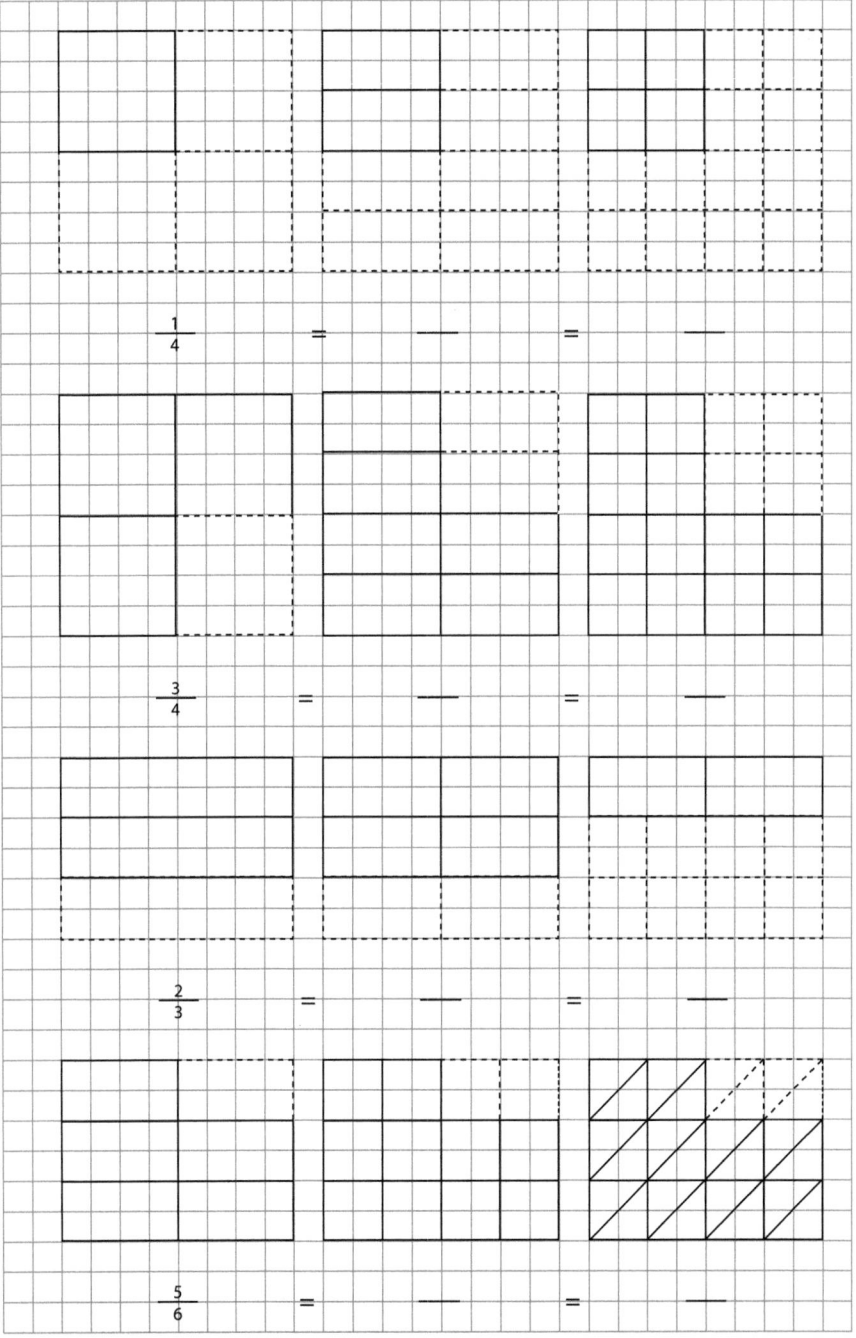

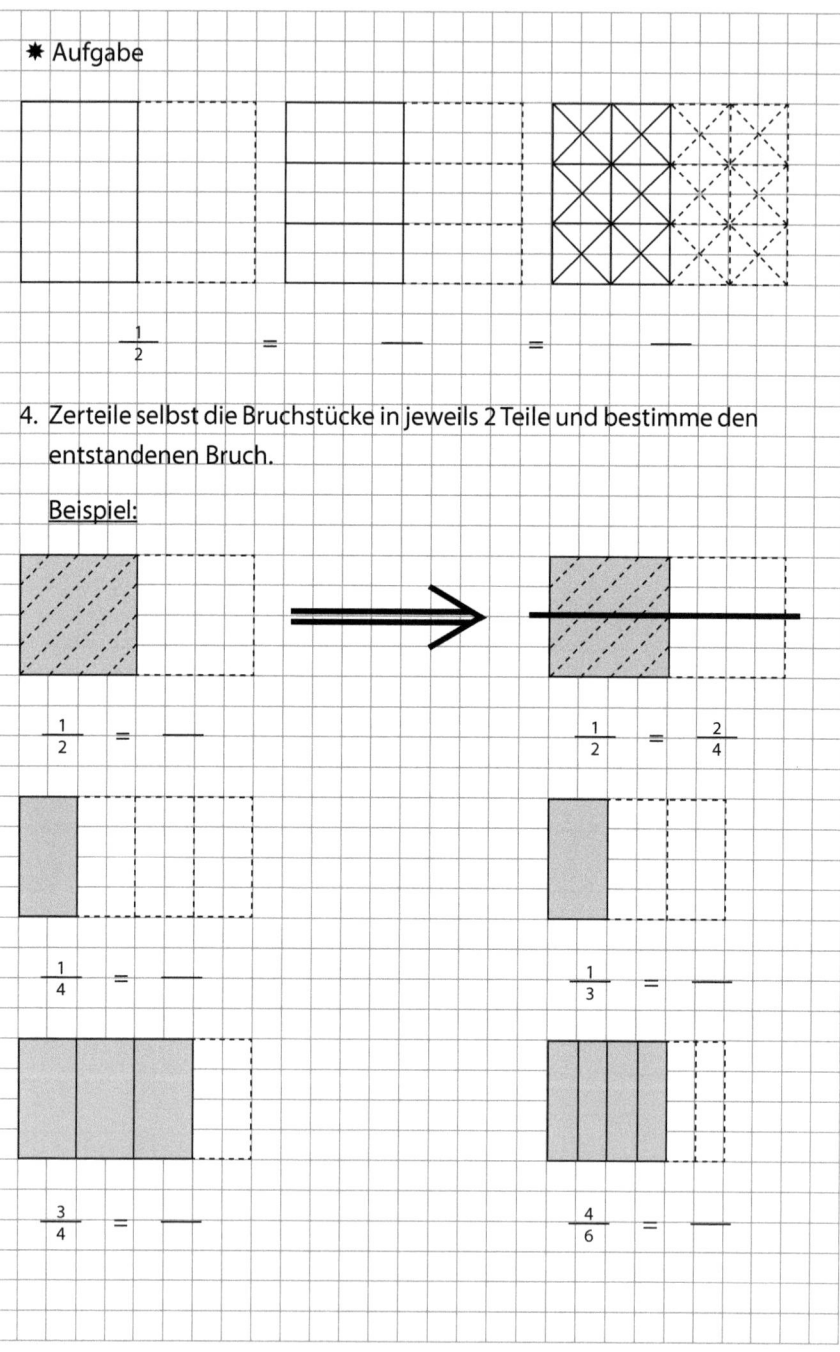

✳ Aufgabe

$$\frac{1}{2} = \underline{\quad} = \underline{\quad}$$

4. Zerteile selbst die Bruchstücke in jeweils 2 Teile und bestimme den entstandenen Bruch.

Beispiel:

$$\frac{1}{2} = \underline{\quad} \qquad \frac{1}{2} = \frac{2}{4}$$

$$\frac{1}{4} = \underline{\quad} \qquad \frac{1}{3} = \underline{\quad}$$

$$\frac{3}{4} = \underline{\quad} \qquad \frac{4}{6} = \underline{\quad}$$

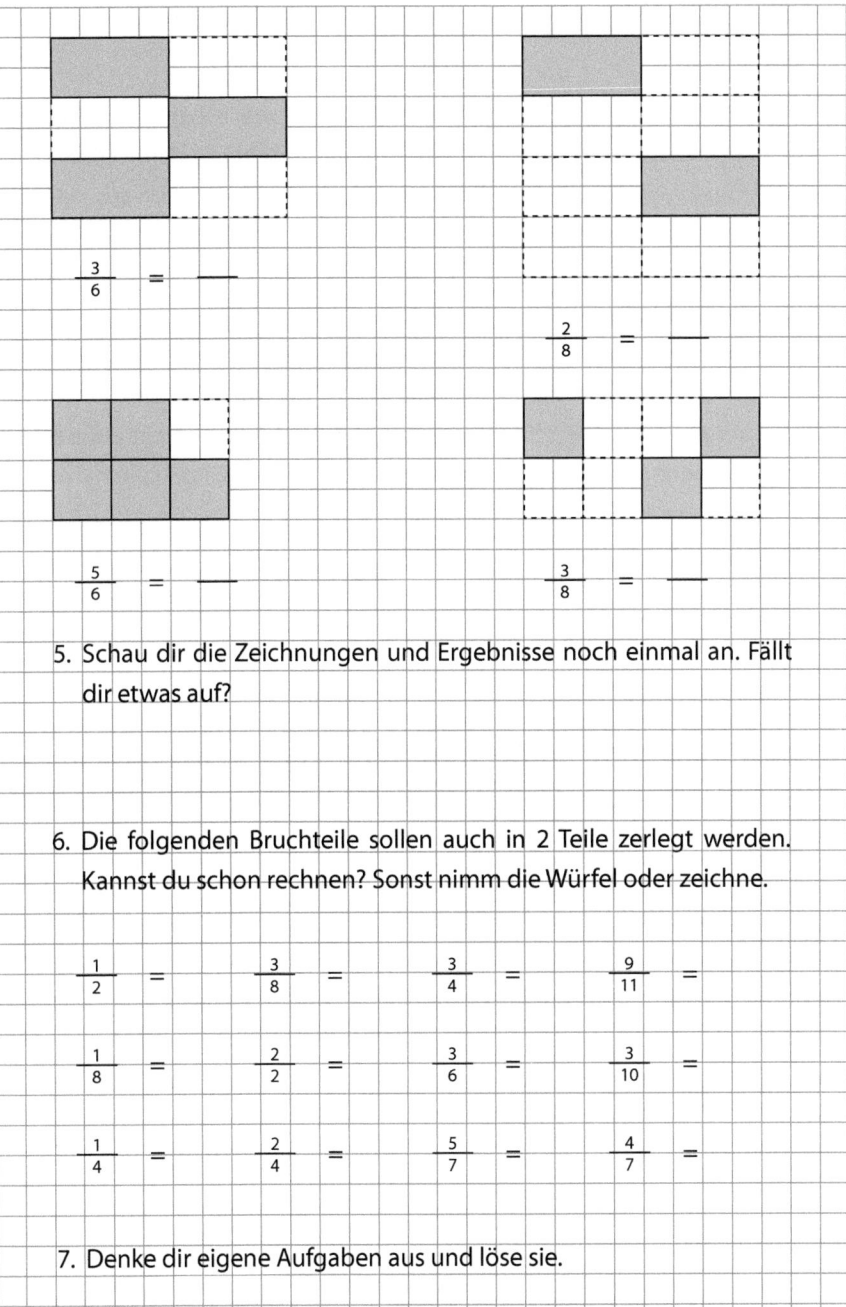

$$\frac{3}{6} = \frac{}{}$$

$$\frac{2}{8} = \frac{}{}$$

$$\frac{5}{6} = \frac{}{}$$

$$\frac{3}{8} = \frac{}{}$$

5. Schau dir die Zeichnungen und Ergebnisse noch einmal an. Fällt dir etwas auf?

6. Die folgenden Bruchteile sollen auch in 2 Teile zerlegt werden. Kannst du schon rechnen? Sonst nimm die Würfel oder zeichne.

$$\frac{1}{2} = \qquad \frac{3}{8} = \qquad \frac{3}{4} = \qquad \frac{9}{11} =$$

$$\frac{1}{8} = \qquad \frac{2}{2} = \qquad \frac{3}{6} = \qquad \frac{3}{10} =$$

$$\frac{1}{4} = \qquad \frac{2}{4} = \qquad \frac{5}{7} = \qquad \frac{4}{7} =$$

7. Denke dir eigene Aufgaben aus und löse sie.

1) *Wir haben ein Halbes zerteilt, was haben wir erhalten? Du kannst die Würfel nehmen.*

Es ist immer gut, wenn man bei einem Arbeitsblatt zunächst an die Handlungsebene bzw. an das zuvor im Unterricht Behandelte anschließt, damit alle Schüler mitgenommen werden können. Bei diesem Blatt gehen wir davon aus, dass das Erweitern mit den Würfeln eingeführt wurde, daher wird mit einer Aufgabe, die daran erinnert, begonnen. Hat man anderes Material benutzt, z.B. Papier, könnte man auch damit beginnen. In der Aufgabe soll ein Halbes zerteilt werden. Der Vorgang des Zerteilens wird mit der Zeichnung repräsentiert, die Schüler haben nun die Aufgabe, die neu entstandenen Bruchteile zu benennen. Zur Differenzierung wird den Schülern, die diese Aufgabe noch nicht auf der rein ikonischen Ebene lösen können, die Möglichkeit gegeben, noch einmal auf die enaktive, also die Handlungsebene zu wechseln, indem sie sich die Bruchwürfel noch einmal zur Hand nehmen können.

2) *Weißt Du, was als Nächstes kommt? Du kannst die Würfel nehmen. Zeichne oder notiere das Ergebnis als Bruch.*

Bei dieser Aufgabe soll das Bewusstsein der Schüler sowohl auf den Vorgang des Zerteilens als auch auf bestimmte Gesetzmäßigkeiten gelegt werden, z.B. darauf, dass immer *alle* Stücke in zwei Stücke zerteilt werden müssen. Die Schüler können, wenn sie die Anschauung nicht mehr brauchen und sich das Ergebnis quasi schon vorstellen können, das Ergebnis gleich auf der Symbolebene notieren, also als Bruch aufschreiben. Sie können sich, um das Ergebnis zu finden, aber auch mit einer Zeichnung helfen und/oder auch noch die Würfel zur Hilfe nehmen. Das bedeutet, dass es viele verschiedene Möglichkeiten gibt, die Aufgabenstellung zu bewältigen und auch mindestens zwei Möglichkeiten, das Ergebnis zu notieren. Jeder Schüler kann sich den eigenen Weg suchen.

3) *Wir zerteilen Papier. Bestimme, welche Brüche du erhalten hast.*

Bei dieser Aufgabenstellung bewegen wir uns nun von der enaktiven, dreidimensionalen Ebene weg, hin zur rein ikonischen, zweidimensionalen Ebene.

Schüler, denen diese Aufgabenstellung noch schwer fällt, könnte man zusätzlich im Unterricht anbieten, entsprechendes, quadratisches Papier tatsächlich
– und nicht nur als Bild – zu verwenden und zu zerschneiden, um noch einmal
auf die Handlungsebene zu wechseln. Auch bei den Zeichnungen bewegen
wir uns von der „dreidimensionalen" Ebene auf die zweidimensionale Ebene.
Ansonsten knüpfen die Zeichnungen von der Form her – der Würfel wird zum
Quadrat – an das zuvor verwendete Rechenmaterial an.

Wir beginnen mit einer Beispielaufgabe, damit deutlich wird, wie die Aufgaben
gelöst werden sollen.

Bei den Zeichnungen ist der Zerteilungsvorgang jeweils schon durchgeführt
und die Schüler haben lediglich die Ergebnisse der Zerteilungsvorgänge auf der
Symbolebene zu notieren. Dem ein oder anderen kann bereits hier – mehr oder
weniger bewusst – auffallen, dass sich Zähler und Nenner jeweils verdoppeln.

Eine Ausnahme bildet die letzte Aufgabe, die als „Sternchen"-Aufgabe markiert
ist, die jedoch lediglich etwas höhere Aufmerksamkeit erfordert, denn die Kinder
können ja bereits Brüche anhand von Zeichnungen bestimmen. Die Aufgabe
weicht allerdings vom Ziel und vom bisherigen Vorgehen „Erweitern mit 2"
insofern ab, als zunächst mit 3 und anschließend mit 8 erweitert wird. Insbesondere beim Erweitern mit 8 wird es vielleicht das ein oder andere Kind geben,
das an dieser Stelle die geforderte Lösung bereits errechnen kann, und sich das
Zählen (um wie viele Stücke handelt es sich = Zähler, in wie viele Stücke ist das
Ganze zerteilt = Nenner) erspart.

4) Zerteile selbst die Bruchstücke in jeweils 2 Teile und bestimme den entstandenen
   Bruch.

Der Vorgang des Zerteilens, der auf der Handlungsebene bereits stattgefunden
hat, soll nun auf der ikonischen Ebene ausgeführt werden. Die zu zerteilenden
Bruchstücke sind dabei markiert und benannt. Diese Aufgabe dient dazu, die
Aufmerksamkeit darauf zu lenken, dass immer *alle* gemeinten, d.h. markierten
Bruchstücke zerteilt werden sollen.

Eine Beispielaufgabe soll der zusätzlichen Erläuterung dienen.

Die letzten Aufgaben sind auf der ikonischen Ebene so angelegt, dass der Fokus sich nun etwas stärker auf das zahlenmäßige Ergebnis richten *kann*, denn die einzelnen Bruchstücke bilden nun nicht mehr eine zusammenhängende Form, sondern verteilen sich unregelmäßig. Der Nenner kann allerdings – wie bei Brüchen eben immer – nur durch Beziehung auf das Ganze bestimmt werden.

5) Schau Dir die Zeichnungen und Ergebnisse noch einmal an. Fällt Dir etwas auf?

Mit dieser Fragestellung sollen die Kinder etwas Abstand von dem gewinnen können, was sie bisher getan haben und sich die Aufgaben noch einmal mit einem größeren Bewusstsein anschauen können.

Die Fragestellung ist – bewusst – sehr offen gehalten und so können an dieser Stelle verschiedenste, auch überraschende Antworten kommen, die – sofern sie auf Beobachtungen beruhen – alle richtig sind. Solche Aufgabenstellungen sind daher auch immer für die Lehrerin interessant, zeigen sie doch, was für die Schüler ganz individuell von Bedeutung war und daher als Beobachtung notiert wurde. So können einzelnen Kindern bereits mathematische Zusammenhänge aufgefallen sein, anderen dagegen, dass es durchgezogene und gestrichelte Linien gibt.

6) Die folgenden Bruchteile (Brüche) sollen auch in zwei Teile zerlegt werden. Kannst Du das schon rechnen? Sonst nimm die Würfel oder zeichne.

Mit dieser Aufgabenstellung wird Bezug genommen auf die vorangehenden Aufgaben. So wird davon ausgegangen, dass es bereits eine beträchtliche Zahl von Kindern gibt, die die Rechenregel – zumindest für das Zerteilen in 2 – erkannt haben und die Aufgaben rein rechnerisch lösen können. Die anderen beiden Ebenen (ikonische oder Handlungsebene) werden ebenfalls angeboten, wobei die letzten Aufgaben auf der Handlungsebene nur mit Papier oder Zeichnungen und nicht mehr mit den Würfeln gelöst werden können.

7) Denke dir eigene Aufgaben aus und löse sie.

Mit dieser Aufgabe soll den Schülern, die das Arbeitsblatt schnell bearbeitet haben, die Gelegenheit gegeben werden, sich Aufgaben auszudenken, die ihrem eigenen Leistungsvermögen bzw. Anspruch entsprechen. Man wird sicherlich erwarten, dass sie Aufgaben zum Thema „Erweitern" oder „Erweitern mit 2" notieren, aber es wären bei dieser Formulierung auch andere Aufgabenformate möglich.

Begriff des Erweiterns samt Rechenregel erarbeiten

Es ist zu erwarten, dass viele Schüler zumindest am Ende des Aufgabenblattes bereits die Rechenregel für das Erweitern von Brüchen angewandt haben, ohne dass ihnen der Begriff „Erweitern" und die dazu gehörige Rechenregel bekannt sind.

Man könnte nun auf dieser Grundlage – eventuell erst am nächsten Tag – gemeinsam mit den Schülern noch einmal auf den Zerteilungsvorgang sowie anschließend auf das Arbeitsblatt schauen und gemeinsam besprechen, was auf der Handlungsebene und der ikonischen „getan" wurde und beobachtet werden konnte und welche Schlussfolgerungen daraus zu ziehen sind:

- Es wurden immer alle Bruchstücke in zwei Stücke zerteilt.
- Dadurch hat sich die Zahl der Bruchstücke verdoppelt, aber sie waren nun nur noch halb so groß.
- Die Gesamtmenge hat sich nicht verändert! (Es wurde also weder mehr noch weniger)
- Auf der rechnerischen Ebene kann man sehen, dass sich beim Zerteilen in jeweils 2 Stücke der Zähler und der Nenner verdoppeln.
- Um das Ergebnis berechnen zu können, müssen in diesem Fall der Zähler und der Nenner mit 2 multipliziert werden.

An dieser Stelle wird die Bedeutung der Sprache für das „Kapieren", wie es im Kapitel „Bruchrechnen und die Sprache" beschrieben wurde, sehr einsichtig:

- Die Kinder haben etwas getan, d.h. sie haben Bruchstücke zerteilt: Das wird beschrieben.

- Es wurden „Ergebnisse" erzielt, d.h. es sind neue Bruchstücke entstanden: Dieselben werden benannt.
- Es wurden Beobachtungen gemacht: Diese werden formuliert.
- Es kommt zu bestimmten Erkenntnissen bzw. Schlussfolgerungen: Dieselben werden formuliert.

Anschließend könnte man noch einmal gemeinsam auf die Ergebnisse von Aufgabe 6) schauen, damit die Kinder kontrollieren können, ob sie richtig gerechnet haben oder/und die Gelegenheit bieten, noch einmal anhand neuer Aufgaben die „Regel" (Zähler und Nenner müssen mit 2 multipliziert werden) anzuwenden.

Es könnte sich daraufhin anbieten, weitere Arbeitsblätter zu erstellen, bei denen z.B. mit 4 oder 3 erweitert werden muss. Erst wenn dieser gesamte Prozess, auch wie oben beschrieben auf der sprachlichen Ebene, durchlaufen ist, macht es überhaupt Sinn, Regeln – also hier die Regel für das Erweitern – zu formulieren.

Zunächst kann man mit den Schülern im Gespräch erarbeiten, dass der Vorgang des Zerteilens von Brüchen, der nun in ausreichendem Ausmaß durchgeführt und betrachtet wurde, beim Bruchrechnen „Erweitern" genannt wird. Anschließend kann die Rechenregel für das Erweitern von Brüchen formuliert werden. Ohne einen Begriff davon zu haben, was Erweitern überhaupt ist, macht das Aufsagen schon des Beginns der Regel: „Brüche werden erweitert, indem..." keinen Sinn, sie bleibt sinn-los und wird – wenn überhaupt – rein mechanisch auswendig gelernt.[34]

Gleichnamig machen durch Erweitern – Arbeitsblatt 3

Wie im vorangegangenen Kapitel „Gleichnamig machen" beschrieben, geht es beim Gleichnamig machen durch Erweitern um zwei Gesichtspunkte:

1. Zunächst ist zu berechnen, mit welcher Zahl wir den Bruch erweitern müssen, damit er einen (vorher) bestimmten Nenner bekommt und

2. anschließend muss der Bruch mit dieser Zahl noch erweitert werden.

Mit dem folgenden beispielhaften Arbeitsblatt sollen Anregungen gegeben werden, wie die Schüler einerseits Verständnis für diese Vorgänge entwickeln und andererseits die dazu gehörigen Rechenschritte entdecken können.

Vorausgesetzt wird, dass das Gleichnamig machen durch Erweitern – wie im Kapitel „Gleichnamig machen" beschrieben – bereits auf der Handlungsebene durchgeführt wurde. Der „gemeinsame" Nenner muss dazu in einem ersten Schritt noch nicht bestimmt werden, sondern ist vorgegeben. Die entscheidende Fragestellung lautet daher: „Mit welcher Zahl müssen wir erweitern, wenn wir den Bruch auf einen vorher festgelegten Nenner bringen wollen?"

Die zu diesen Handlungsaufgaben gehörigen Zeichnungen sowie die dazu gehörigen Beschriftungen mit Symbolen haben die Schüler bereits angefertigt. Wie derartige Zeichnungen aussehen könnten, kann den Zeichnungen zu Aufgabe 1) des folgenden Arbeitsblattes entnommen werden.

Ziel des Arbeitsblattes ist es, dass eine nennenswerte Zahl von Schülern das Gleichnamig machen durch Erweitern am Ende des Arbeitsblattes rein rechnerisch durchführen kann. Alle Aufgaben des Arbeitsblattes *können* jedoch auf der ikonischen Ebene *gelöst* werden, es muss noch nicht gerechnet werden.

Durch die Beschriftung mit Symbolen wird der Blick auf diese Ebene gelenkt. Auf dieser Grundlage können Gesetzmäßigkeiten entdeckt werden, um rein rechnerisch Brüche durch Erweitern gleichnamig machen zu können.

Gleichnamig machen durch Erweitern – Arbeitsblatt 3

1. Mit welcher Zahl musst du erweitern? Trage beim zweiten Bruch auch den Zähler ein.

Beispiel:

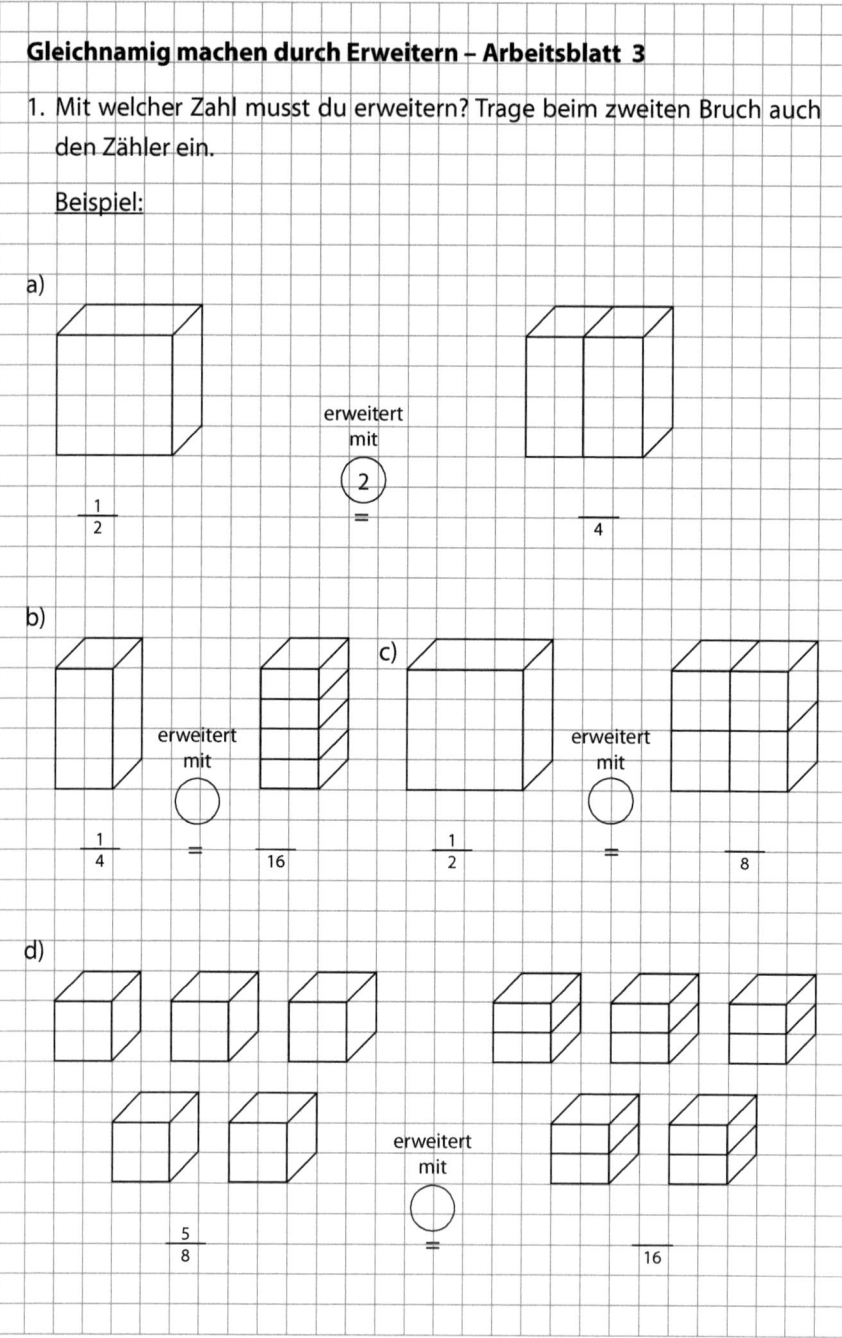

a)

erweitert
mit
(2)

$\frac{1}{2}$ = $\frac{}{4}$

b)

erweitert
mit
◯

$\frac{1}{4}$ = $\frac{}{16}$

c)

erweitert
mit
◯

$\frac{1}{2}$ = $\frac{}{8}$

d)

erweitert
mit
◯

$\frac{5}{8}$ = $\frac{}{16}$

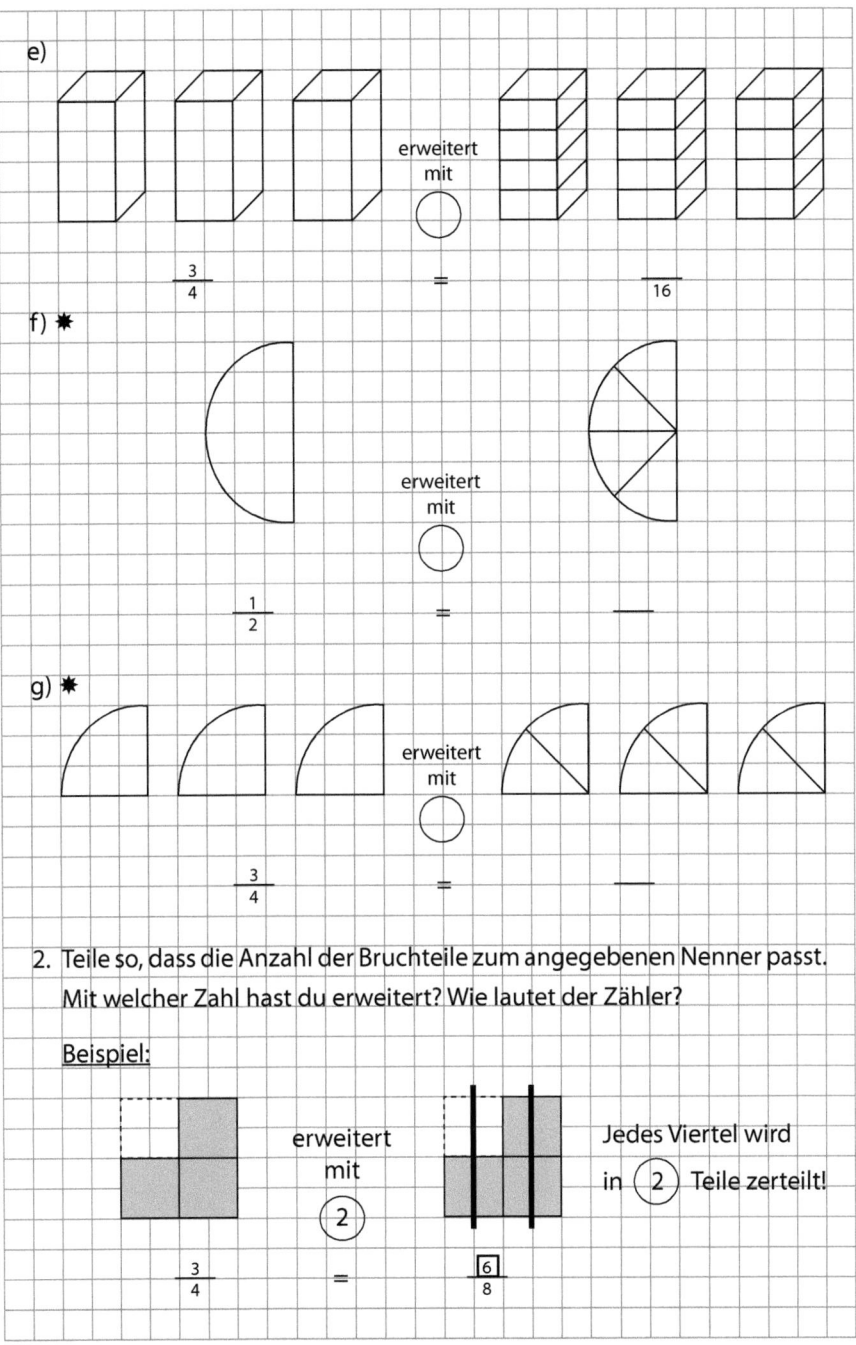

e)

erweitert
mit ◯

$$\frac{3}{4} = \frac{}{16}$$

f) ✱

erweitert
mit ◯

$$\frac{1}{2} = \frac{}{}$$

g) ✱

erweitert
mit ◯

$$\frac{3}{4} = \frac{}{}$$

2. Teile so, dass die Anzahl der Bruchteile zum angegebenen Nenner passt.
Mit welcher Zahl hast du erweitert? Wie lautet der Zähler?

Beispiel:

erweitert
mit ②

Jedes Viertel wird
in ② Teile zerteilt!

$$\frac{3}{4} = \frac{6}{8}$$

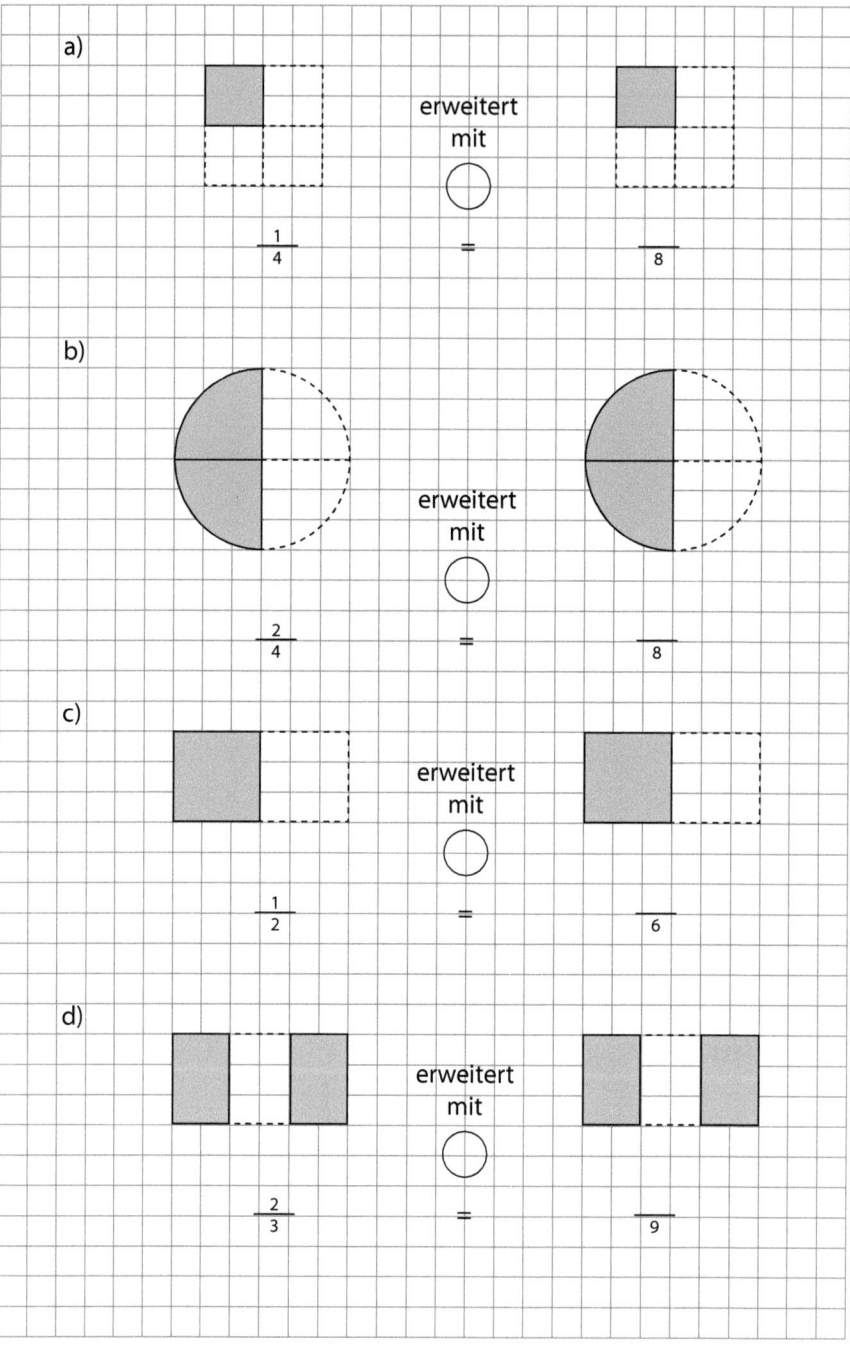

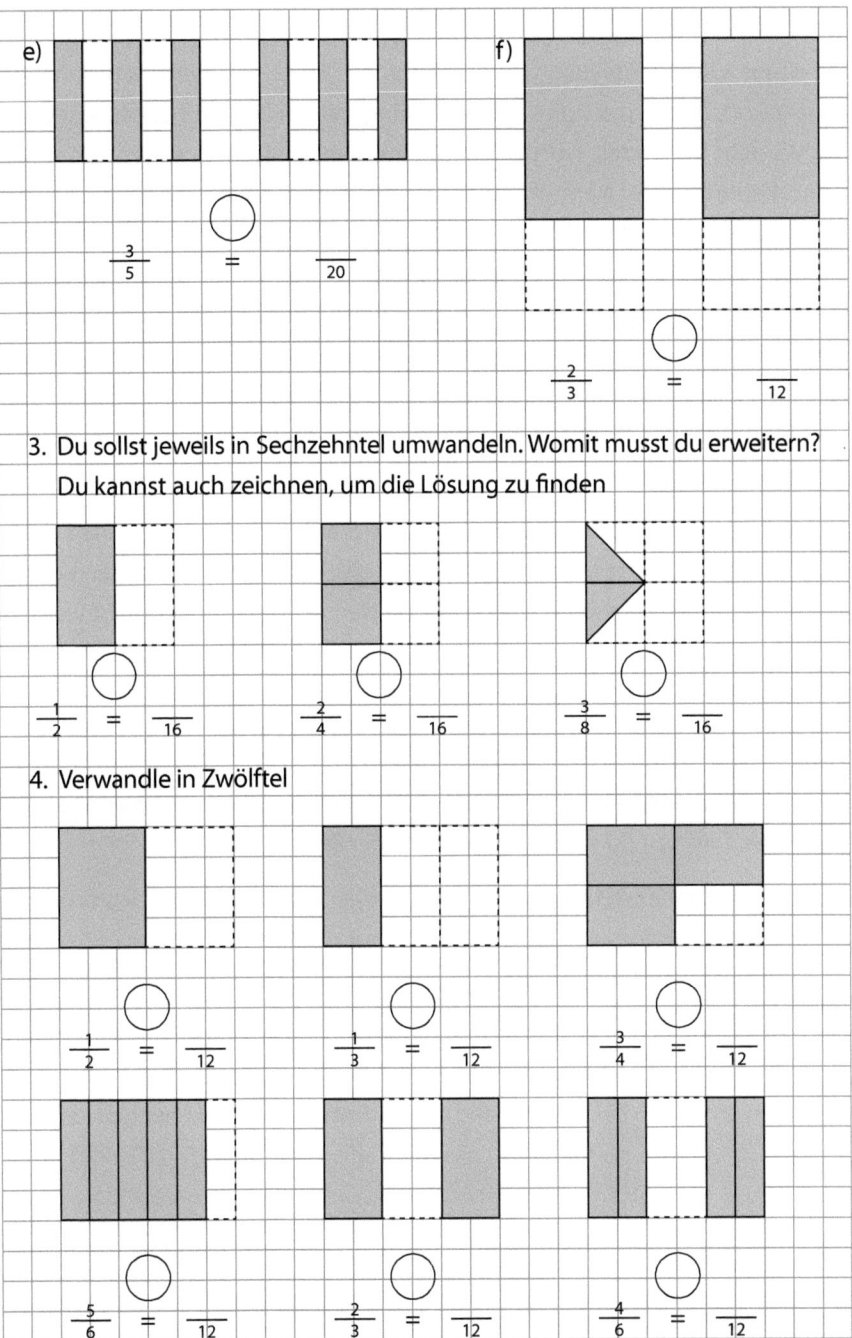

e)

$$\frac{3}{5} = \frac{}{20}$$

f)

$$\frac{2}{3} = \frac{}{12}$$

3. Du sollst jeweils in Sechzehntel umwandeln. Womit musst du erweitern?
   Du kannst auch zeichnen, um die Lösung zu finden

$$\frac{1}{2} = \frac{}{16}$$

$$\frac{2}{4} = \frac{}{16}$$

$$\frac{3}{8} = \frac{}{16}$$

4. Verwandle in Zwölftel

$$\frac{1}{2} = \frac{}{12}$$

$$\frac{1}{3} = \frac{}{12}$$

$$\frac{3}{4} = \frac{}{12}$$

$$\frac{5}{6} = \frac{}{12}$$

$$\frac{2}{3} = \frac{}{12}$$

$$\frac{4}{6} = \frac{}{12}$$

1) Mit welcher Zahl musst Du erweitern? Trage beim 2. Bruch auch den Zähler ein.

Mit dieser Aufgabenstellung wird wieder an das zuvor im Unterricht Behandelte angeknüpft, insofern als diese Fragestellung bereits auf der Handlungsebene mit Würfeln behandelt wurde. Sowohl auf der ikonischen wie auch auf der Symbolebene ist der Nenner, auf den der ursprüngliche Bruch gebracht werden soll, bereits vorgegeben. Es soll die Erweiterungszahl gefunden werden. Mit der Erweiterungszahl ist die Anzahl der Stücke gemeint, in die *jedes* Bruchstück geteilt werden soll. Daraus ergibt sich dann in der Zeichnung der Zähler des erweiterten Bruches. Sowohl die Erweiterungszahl als auch den „neuen" Zähler können die Schüler berechnen, sofern sie die damit zusammenhängenden Gesetzmäßigkeiten bereits erkannt haben. Es ist aber auch möglich, beides allein aufgrund der vorgegebenen Zeichnungen zu bestimmen.

Die Aufgaben sind so aufgebaut, dass mit Stammbrüchen begonnen wird, dann folgen Aufgaben, bei denen der Zähler größer als 1 ist und bei den beiden letzten Aufgaben müssen die Schüler den Nenner, auf den gebracht werden soll, anhand der Zeichnung selbst bestimmen, zudem wird zur Kreisform gewechselt.

2) Zerteile so, dass die Anzahl der Bruchstücke zum angegebenen Nenner passt. Mit welcher Zahl hast Du erweitert? Wie lautet der Zähler?

Bei dieser Aufgabenstellung müssen die Schüler zunächst selbst den Bruch so zerteilen, dass er zum vorgegebenen Nenner passt. Der Rest der Aufgabenstellung entspricht Aufgabe 1).

Der Fokus wird noch einmal auf den Zusammenhang zwischen „Zerteilen", und „Erweitern" gelenkt, indem die Schüler diesen Vorgang zeichnerisch selbst ausführen und ihn in Zusammenhang mit der Erweiterungs*zahl* bringen können.

3) Du sollst jeweils in Sechzehntel umwandeln. Womit musst Du erweitern? Du kannst auch zeichnen, um die Lösung zu finden.

4) Verwandle in Zwölftel.

Die Aufgabenstellungen 3) und 4) entsprechen in gewisser Weise Aufgabenstellung 2), allerdings werden jetzt verschiedene Brüche durch Erweitern auf denselben Nenner gebracht, sie werden also durch Erweitern gleichnamig gemacht, so wie es bei der Addition oder Subtraktion ungleichnamiger Brüche notwendig wird. Zudem werden die Schüler nun ermuntert, die Erweiterungszahl und auch den Zähler zu berechnen. Sie müssen also nicht mehr zeichnen. Allerdings besteht weiterhin die Möglichkeit, die Lösung durch Zeichnen zu bestimmen.

Rechenschritte zum Gleichnamig machen durch Erweitern

Das Gleichnamig machen von Brüchen ist ein sehr komplexer Vorgang, wie im vorangegangenen Kapitel „Addition ungleichnamiger Brüche" bereits beschrieben wurde. Ein Aspekt dieses Vorgangs, nämlich das Gleichnamig machen durch Erweitern, bei einem bereits vorgegebenen gemeinsamen Nenner, war Ziel des Arbeitsblattes.

Man könnte nun mit den Schülern im Anschluss an die Bearbeitung der Aufgaben gemeinsam auf die Arbeitsblätter blicken und im gemeinsamen Gespräch die für den rechnerischen Vorgang notwendigen Schritte anhand dessen entdecken/bewusst werden lassen/besprechen. Dasselbe ließe sich auch in Kleingruppen durchführen, indem z.B. Schüler, die schon verstanden haben, wie man das berechnen kann, dies anderen Schüler erklären.

Fragestellungen könnten sein:

- Wie hast Du die Erweiterungzahl bestimmt?

- Kannst Du beim Betrachten der Aufgaben erkennen, wie man die Erweiterungszahl bestimmen kann?

- Was hast Du getan, um den Zähler zu berechnen?

Folgende Schritte sind beim Gleichnamig machen durch Erweitern durchzuführen:

- Die Beantwortung der Frage: „Mit welcher Zahl muss ich den ursprünglichen Nenner multiplizieren, um den gewünschten/vorgegebenen Nenner zu erhalten?" liefert die Erweiterungszahl.

- Die Multiplikation des ursprünglichen Zählers mit der Erweiterungszahl liefert dann den Zähler des erweiterten Bruches.

Die neu entdeckten Rechenschritte müssten jetzt sicherlich mit weiteren Arbeitsblättern, die u.U. die ikonische Ebene zunächst noch mit einbeziehen, geübt werden, um größere Sicherheit zu erlangen.

Das Gleichnamig machen durch Kürzen könnte dann auf ähnliche Weise bearbeitet werden, bevor man sich der Fragestellung widmet, wie man den gemeinsamen Nenner verschiedener Brüche finden kann.

Ausblicke

Bruchrechnen ist Grundlage für viele Themen, die in den höheren Klassen – bis in die Oberstufe hinein – mit den Schülern im Mathematikunterricht erarbeitet werden. Es soll im Folgenden ein Ausblick auf die Themen „Dezimalzahlen", „Prozentrechnung" und „Dreisatz" gegeben werden. Dabei soll es vornehmlich um die Frage gehen, inwiefern diese Unterrichtsgebiete mit dem Bruchrechnen zusammenhängen. Eine Einsicht in solche Zusammenhänge könnte Schülern helfen, „… sich innerhalb ganzer, gebrochener, durch Dezimalbrüche ausgedrückter Zahlen frei rechnend zu bewegen."[35], wie es Rudolf Steiner während der Lehrplanvorträge als Ziel formuliert hat.

Viele wertvolle Anregungen zur Veranschaulichung der Themen „Brüche, Dezimalzahlen und Prozente" findet man online in der „Mathewelt" von Andreas Koepsell.[36]

Dezimalzahlen

Das Thema „Dezimalzahlen" wird i.d.R. in der 5. Klasse behandelt. Abgesehen davon, dass die Grundvorstellungen aus dem Bruchrechnen eine gute Voraussetzung sind, bieten sie Gelegenheit, die schriftlichen Rechenverfahren, die in der 3. Klasse angelegt wurden, zu wiederholen.

Kein falscher Autoritätsglaube

Von Rudolf Steiner gibt es eine kurze Bemerkung zu den Dezimalzahlen: „Nun möchte ich aber, dass namentlich der Übergang von den gewöhnlichen Brüchen zu den Dezimalbrüchen nicht in einer unrationellen Weise, in einer unwirklichkeitsgemäßen Weise an die Kinder herantritt. Die Kinder sollten vom Anfange an ein Gefühl dafür bekommen, dass das Benutzen des Dezimalbruches eigentlich auf menschlicher Konvention, auf einer Art menschlicher Bequemlichkeit beruht, ..." [37]

Was bedeutet es nun, wenn die Dezimalzahlen auf Konvention beruhen? Es bedeutet, dass es sich dabei nicht um ein irgendwie geartetes unumstößliches mathematisches Gesetz handelt. Die Dezimalzahlen sind etwas, worauf sich die Menschen *geeinigt* haben. Und worauf haben sie sich bei den Dezimalzahlen geeinigt? Sie haben sich darauf geeinigt, dass aus der unglaublichen Vielfalt von Brüchen einige wenige ausgesucht werden! Bei den Dezimalzahlen haben wir es im Nenner nur mit Zehnerpotenzen zu tun, also mit Zehnteln, Hundertsteln, Tausendsteln etc. Alle anderen Zahlen, die dazwischen liegen und auch im Nenner stehen könnten, werden einfach weggelassen! Und für den Zähler kommen nur die Zahlen von 0 bis 9 in Frage, alle anderen Zahlen werden ebenfalls weggelassen. Zur Veranschaulichung nehmen wir einmal folgende Dezimalzahl:

$$3 , 7 \quad 0 \quad 3 \quad 2$$
$$3 + \frac{7}{10} + \frac{0}{100} + \frac{3}{1.000} + \frac{2}{10.000}$$

Da man sich darauf geeinigt hat, dass die erste Stelle nach dem Komma immer Zehntel meint, die zweite Stelle Hundertstel etc., muss der Nenner gar nicht mehr hingeschrieben werden.

Rudolf Steiner weiter: ...und sie (*die Kinder*) sollten ein weiteres Gefühl davon bekommen, dass das Ansetzen des Dezimalbruches eigentlich nichts weiter ist als ein Fortsetzen derselben Methoden, welchen unsere Zahlen überhaupt zugrunde liegen, indem wir bis 10 zählen und dann die 10-Zahl in der 20 (= zweimal 10) enthalten ist – dann wird bei der 20 eine neue Zehnerreihe angeschlossen und so weiter. Rechnen wir nach links mit demselben Prinzip, mit dem wir rechnen, wenn wir Dezimalbrüche nach der rechten Seite hin ausbilden, so kann das Kind einen Begriff davon bekommen, dass das eigentlich relativ ist, dass ich eine Einheit auch haben könnte, indem ich den Dezimalbruch um zwei Stellen nach rechts setze."[38]

Worauf weist Rudolf Steiner hier hin? Er spricht über das Stellenwertsystem, das unserer ganzen Art, wie wir Zahlen notieren, zu Grunde liegt. Die Ziffer „2" kann „2" bedeuten, steht hinter der „2" aber z.B. eine 3, dann bedeutet die „2" „zwei Zehner" und damit 20. Und so wie wir ein Stellenwertsystem von rechts nach links haben, so kommt jetzt eben noch eines von links nach rechts hinzu (jeweils vom Komma aus betrachtet). Bei den Dezimalbrüchen ist, wenn wir sie aussprechen oder – noch deutlicher – auf der symbolischen Ebene notieren, aus einem Bruch schnell eine Einheit gemacht. Ich muss, um aus 2 Zehnteln 2 Ganze zu machen, nur das Komma um eine Stelle nach rechts verschieben. (0,2 => 2,0) Was Rudolf Steiner mit „relativ" meinen könnte, können wir uns auch folgendermaßen veranschaulichen:

Der große Würfel enthält 1.000 kleine Würfel und stellt damit einen Tausender dar, daneben haben wir 3 Hunderter. Wir sehen also 1.300 Würfel. Wir könnten aber darauf auch anders schauen: Wir könnten sagen: Wir haben einen ganzen Würfel und 3 Zehntel des ganzen Würfels. Ebenso könnten wir sagen: Wir haben 1,3. Jetzt setzen wir das Komma drei Stellen nach rechts, und schon werden aus den 1,3 wieder die „ursprünglichen" 1.300, die wir zu Beginn hatten. Aus dem Dezimalbruch 0,3 sind durch das Versetzen des Kommas wieder 300 geworden.

Rudolf Steiner dazu: „Dieses Konventionelle, das in den Einteilungen steckt, sollte den Kindern durchaus vom Anfange an beigebracht werden. Dann würde manches auch wiederum Konventionelle sich hineinfügen in die soziale Ordnung. Mancher falsche Autoritätsglaube würde schwinden, wenn alles dasjenige, was im Grunde genommen auf Übereinkunft beruht von vorneherein auch als solches durch Übereinkunft Festgestelltes an das Gemüt des Kindes herangebracht würde."[42]

Diese Überlegungen könnten Hinweise geben, wie die Dezimalzahlen eingeführt werden könnten. Dabei lässt sich gut auf Grundvorstellungen aus dem Bruchrechnen zurückgreifen, insbesondere auf die Vorstellung „Bruch als Teil des Ganzen".

Rechnen mit Dezimalzahlen

Wenn dann später mit Dezimalzahlen gerechnet wird, ist immer eine entscheidende Frage: Was passiert denn jetzt mit dem Komma? Wie viele Stellen nach rechts, nach links... etc.

Haben die Kinder sichere Grundvorstellungen im Bruchrechnen ausgebildet und führt man auf der Handlungsebene jeweils ein paar Beispiele durch, dann können sich diese Fragen relativ schnell beantworten.

Man kann dabei von Fall zu Fall auf Fragestellungen aus dem Bruchrechnen zurückgreifen, wie sie hier in diesem Buch ausgearbeitet wurden. Als Rechenmaterial eignen sich jetzt vielleicht besonders gut Flüssigkeiten, da Messbecher, aber auch mit Skalen versehene Glasgefäße aus der Chemiesammlung, die Durchführung relativ leicht machen. Sehr einfach ist die Addition und Subtraktion zu veranschaulichen, dies bedarf hier keiner weiteren Ausführungen.

Multiplikation

Bei der Multiplikation ist es einfach, wenn der Multiplikator eine ganze Zahl ist: $3 \cdot 0{,}5$ Liter $= 1{,}5$ Liter. Das lässt sich leicht veranschaulichen.

Was aber bedeutet: 0,5 • 3 Liter? Es bedeutet, wie viel 0,5 von drei Litern sind. So fragen wir aber in der Regel nicht. So rechnen wir nur.... In diesem Falle kann man sich schnell klar machen, dass 0,5 auch „die Hälfte" bedeuten kann. Fragt jemand nach der Hälfte von 3 Litern, wird die Antwort auf der Handlungsebene ganz klar. Wir *rechnen* 5 • 3 = 15,0 und versetzen das Komma um eine Stelle nach links (s.u.).

Genau so kann man vorgehen, wenn man wissen möchte, was 0,25 von 0,8 Litern sind. Die Rechenaufgabe ist: 0,25 • 0,8 = 0,2. Da 0,25 auch ein Viertel ist, kann man sagen: Ein Viertel von 0,8 Litern sind 0,2 Liter. Hier können wir das Ergebnis ganz aus der Anschauung finden. Das kann helfen bei der Frage, wohin das Komma zu setzen ist. Wir *rechnen* 25 • 8 = 200,0. Nun muss das Komma um 3 Stellen nach links versetzt werden, da beim Multiplikator 2 Stellen nach dem Komma stehen und beim Multiplikand 1 Stelle.

Kommaregel: Bei der Multiplikation mit Dezimalzahlen multipliziert man zunächst so, als ob ganze Zahlen vorlägen und notiert das Ergebnis. Dann zählt man die Nachkommastellen der Faktoren, addiert sie und weiß, an welche Stelle das Komma beim Ergebnis (Produkt) gesetzt werden muss.

Beispiel: 0,45 • 0,04 = 0,0180 = 0,018

Wir rechnen: 45 • 4 = 180,0.

Die Nachkommstellen sind insgesamt 4, daher ist das Endergebnis 0,0180.

Diese Regel gilt auch für die schriftliche Multiplikation.

Division

Die Division ist gut zu veranschaulichen, wenn der Divisor eine ganze Zahl ist. Wenn 0,6 Liter auf 3 Gläser verteilt werden, kommt in jedes Glas 0,2 Liter. Hier haben wir das (Ver-)teilen. 0,6 : 3 = 0,2.

Ist der Dividend eine ganze Zahl, dann wird gefragt, indem wir einen „Mess-vorgang" vornehmen. Wie viele Gläser mit 0,2 Litern Inhalt kann ich in eine 1,5 Liter-Kanne schütten? Ich kann den Inhalt von siebeneinhalb Gläsern hinein-schütten, also von 7,5 Gläsern. 1,5 : 0,2 = 7,5.

Sind sowohl Dividend als auch der Divisor Dezimalzahlen, dann könnte man fragen: Wie viel von 0,5 Litern passen in ein 0,25 Liter-Glas? Die Antwort würde man eher als Bruch geben, denn es passt die Hälfte der 0,5 Liter in das Glas. Als Rechenaufgabe: 0,25 : 0,5 = 0,5.

Kommaregel: Bei den obigen Beispielen konnte man noch gut abschätzen, an welche Stelle das Komma kommt. Das ist beim Kopfrechnen immer eine gute Methode.

Bei der schriftlichen Division geht das Versetzen des Kommas folgendermaßen: Zunächst müssen Divisor und Dividend *erweitert* werden, indem wir das Komma bei *beiden* gleichzeitig so lange verschieben, bis der Divisor eine ganze Zahl ist.

Warum kann man hier erweitern und womit? Man kann erweitern, weil Divisionsaufgaben auch als Bruch geschrieben werden können. Am Beispiel: 0,25 : 0,5 = ? könnte also auch so $\frac{0,25}{0,5}$ geschrieben werden. Wenn wir Erweitern, das wissen wir vom Bruchrechnen, ändert sich an der Größe des Bruches nichts. Wenn wir mit 10, 100 etc. erweitern, dann verschiebt sich dadurch das Komma bei Divisor und Dividend, d.h. bei Zähler und Nenner um 1 Stelle oder 2 Stellen etc. und wir können schließlich durch eine ganze Zahl teilen. Dadurch wissen wir dann auch beim schriftlichen Dividieren, wann bzw. wo ein Komma eingefügt werden muss.

Beispiel:

327,4515 : 0,15 =   Wir erweitern mit 100, d.h. wir verschieben beide Kommas um 2 Stellen:

32745,15 : 15 = 2183,01
30
 27
 15
 124
 120
  45
  45   **Jetzt muss auf der rechten Seite das Komma**
  01   **gesetzt werden**
   0
  15
  15
   0

Zurückkehrend zu der Anfangsaufgabe:

$327{,}4515 : 0{,}15 = 2183{,}01$

Es ist sehr schön zu erkennen, dass es sich bei der Division um Verhältnisse handelt, d.h.

32,74515 :	0,015	=	ist genau so viel wie
327,4515 :	0,15	=	ist genau so viel wie
32745,15 :	15	=	ist genau so viel wie
327451,5 :	150	=	usw.

Brüche in Dezimalzahlen und Dezimalzahlen in Brüche verwandeln

Jeder Bruch kann einfach in eine Dezimalzahl umgewandelt werden, indem der Zähler durch den Nenner geteilt wird. Ist es möglich, den Bruch durch Erweitern auf eine Zehnerpotenz zu bringen, kann auch das ein Weg sein.

$$\frac{3}{4} = 3 : 4 = 0{,}75 \qquad \text{oder}$$

$$\frac{3}{4} = \frac{75}{100} = 0{,}75 \qquad \text{wir haben mit 25 erweitert}$$

Dezimalzahlen können leicht in Brüche umgewandelt werden. Haben wir z.B. 0,32, so haben wir 32 Hundertstel, die dann gekürzt werden können.

$$0{,}32 = \frac{32}{100} = \frac{8}{25}.$$

Bei manchen Brüchen ist es praktisch, wenn man die entsprechenden Größen auswendig weiß: $\frac{1}{2}$ ist 0,5, $\frac{3}{4}$ ist 0,75 und $\frac{1}{4}$ ist 0,25

Bei $\frac{1}{3}$ haben wir es mit einem periodischen Dezimalbruch zu tun, nämlich 0,333... Das ist ein Grund dafür, dass auch in der Oberstufe das Rechnen mit Brüchen häufig nicht durch das Rechnen mit Dezimalzahlen ersetzt werden kann, denn Brüche sind in vielen Fällen genauer als Dezimalzahlen.

Prozente

Bevor wir uns dem Thema der Prozentrechnung nähern, sei noch darauf hingewiesen, inwiefern die Prozentrechnung mit den Themen „Brüche" und „Dezimalzahlen" zusammenhängt. Jede Prozentangabe lässt sich als Bruch und als Dezimalzahl darstellen:

Prozente geben zunächst Verhältnisse an. Wenn wir von 45 Prozent sprechen, dann sind damit 45 (Prozentzahl) *von* 100 gemeint, s. „Bruch als Verhältnis".

$$45 \text{ von Hundert} = \frac{45}{100} = 45\%$$

Da wir jeden Bruch in eine Dezimalzahl umwandeln können, zumal wenn im Nenner eine Zehnerpotenz steht, haben die Prozentangaben auch eine Beziehung zu den Dezimalzahlen:

$$45\% = \frac{45}{100} = 0,45$$

Prozentrechnung veranschaulichen

Um den Kindern veranschaulichen zu können, worum es bei der Prozentrechnung geht, ist es gut, sich selbst zunächst folgendes klar zu machen:

Bei der Prozent*rechnung* setzen wir das eine Verhältnis, das durch die Prozentangabe vorgegeben ist, in Beziehung zu einem anderen Verhältnis. Es handelt sich dabei um eine proportionale Zuordnung. Es können in diesem Zusammenhang verschiedene Fragestellungen entstehen, wir nehmen uns eine davon beispielhaft heraus:

Der Zinssatz (= Prozentsatz) beträgt 5% im Jahr. Der Kredit beläuft sich über 1500 Euro (Grundwert). Der Einfachheit halber gehen wir davon aus, dass der Kredit nach einem Jahr zurückgezahlt wird. Frage: Wie viele Euro Zinsen müssen gezahlt werden?

Wir könnten die Frage auch so stellen: Wenn für 100 Euro im Jahr 5 Euro an Zinsen bezahlt werden müssen, wie viel müssen dann für 1.500 Euro gezahlt werden? Das können wir auf der Symbolebene so aufschreiben:

$$\frac{5}{100} = \frac{\square}{1500}$$

Diese Art der Aufgabenstellung erinnert an Aufgabenstellungen aus dem Bruchrechnen, bei denen wir durch Erweitern auf einen bestimmten Nenner bringen wollten. Hier aber setzen wir zwei Verhältnisse zueinander in Beziehung, und zwar so, dass das *Verhältnis*, für das die Brüche stehen, bei beiden gleich sein soll, so wie später beim Dreisatz auch.

Wenn wir mit den Schülern arbeiten, könnte es hilfreich sein, diesen Sachverhalt der proportionalen Zuordnung, der sich auf die gesamte Prozentrechnung bezieht, nicht zu erklären, sondern zu veranschaulichen. Man könnte ein genügend breites Gummiband mit Prozentzahlen beschriften und durch Dehnen in das jeweilige Verhältnis bringen.

Wir wollen dies am Beispiel der Zinsen einmal versuchen:

Gezeichnet könnte es so aussehen:

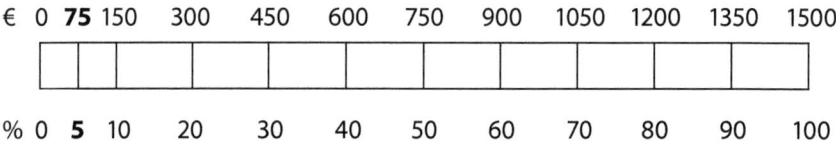

Würde man dies auf der Handlungebene/enaktiven Ebene durchführen, könnte die obere Skala (Euro) an die Tafel gezeichnet werden. Das mit der Prozentskala vorbereitete Gummiband würde man durch Dehnen wie in der Zeichnung an die Skala an der Tafel anpassen. Das Ergebnis kann nun am Gummiband abgelesen werden.

Nehmen wir noch ein anderes Beispiel, bei dem der Prozentsatz bestimmt werden soll: Ein Marathonläufer war nach 30% der gesamten Strecke, die rund 42 km beträgt, so erschöpft, dass er abbrechen musste. Wie viele Kilometer ist er gelaufen? Wir lösen durch Ikonisieren:

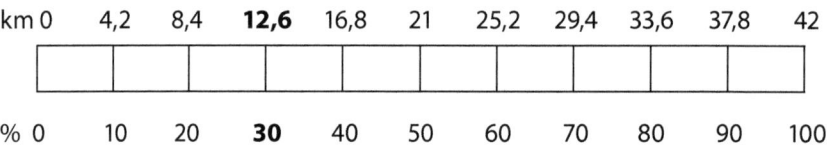

Wir sehen, dass er rund 12,6 km gelaufen ist.

Prozentrechnung und Kopfrechnen

Kommt man zur Prozent*rechnung*, dann hilft es, sich an Folgendes zu erinnern: Wenn wir sagen 5%, also 5/100 von 1.500, dann wissen wir vom Bruchrechnen, dass es sich bei dieser Formulierung um eine Multiplikation handelt. Jeden Bruch mit einer Zehnerpotenz im Nenner können wir zudem in eine Dezimalzahl umwandelt. Wir könnten auch so schreiben:

5 Prozent von 1500 sind: 5% von $1500 = \frac{5}{100} \cdot 1500 = 0{,}05 \cdot 1500 = 75$

Wollen wir also im Kopf den Prozentwert ausrechnen, dann könnten wir einfach den Prozentsatz mit dem Grundwert multiplizieren und dann durch 100 teilen (in Anlehnung an die Bruchrechnung). Oder zunächst alle Nullen weglassen und dann das Ergebnis abschätzen (in Anlehnung an das Rechnen mit Dezimalzahlen).

Das ist z.B. sehr praktisch, wenn wir bei Sonderangeboten, bei denen es sich um einen prozentualen Rabatt handelt, rasch überschlagen wollen, wie hoch der Rabatt im speziellen Fall ist. Bei 30% Rabatt auf ein Kleid von 70 Euro könnte gerechnet werden: $3 \cdot 7 = 21$. Schon hat man den Rabatt errechnet. Bei dem Kredit könnte man rechnen: $5 \cdot 15 = 75$, dann abschätzen, ob das stimmen kann. In diesem Fall stimmt das Ergebnis, denn 750 Euro wären zu viel, 7,50 Euro wären zu wenig.

Solche Aufgaben mit den Kindern zu üben, hat große Nähe zum Alltag, schult das Kopfrechnen, wiederholt das Einmaleins sowie das Abschätzen.

Prozentformel

Wir haben uns klar gemacht, dass wir den Prozentwert (z.B. Zinsen für ein Jahr) berechnen können, indem wir eine Multiplikation ausführen. Auf diese Weise können wir auch die Formel für die Prozentrechnungen verstehen: Wenn wir berechnen wollen, wie viel 5 Prozent, d.h. $\frac{5}{100}$ von 1.500 (Grundwert) sind, dann rechnen wir so:

$\text{Prozentwert} = \frac{5}{100} \cdot 1500 = \frac{5 \cdot 1500}{100} = 75$

Als Formel

$\text{Prozentwert} = \frac{\text{Prozentzahl} \cdot \text{Grundwert}}{100} \qquad W = \frac{p \cdot G}{100}$

Dreisatz

Beim Dreisatz handelt es sich um proportionale oder umgekehrt proportionale Zuordnungen.

Ein Beispiel für eine proportionale Zuordnung: 3 Kissen kosten 12 Euro, wie viel kosten 8 Kissen? Auf der Symbolebene können wir so notieren:

$$\frac{3 \text{ Kissen}}{12 \text{ Euro}} = \frac{8 \text{ Kissen}}{x \text{ Euro}}$$

Das Verhältnis beider Brüche (hier 1 : 4) muss dasselbe sein, daraus ergibt sich zwangsläufig der Nenner des zweiten Bruches. Er ist in diesem Falle 32 (Euro).

Beispiel für eine umgekehrt proportionale Zuordnung: Wenn 3 Arbeiter für das Ausheben einer Baugrube 6 Tage brauchen, wie viele Tage brauchen dann 9 Arbeiter? Da jetzt mehr Arbeiter zu weniger (und nicht mehr) Zeitbedarf für das Ausheben führen, besteht ein umkehrt proportionales Verhältnis.

$$\frac{3 \text{ Arbeiter}}{6 \text{ Tagen}} = \frac{x \text{ Tagen}}{9 \text{ Arbeiter}}$$

Berechnet man die Gleichung, indem man nach x auflöst, erhält man 4,5 (Tage) als Ergebnis.

Es sollte im Rahmen dieses Buches lediglich der Zusammenhang des Bruchrechnens mit dem Dreisatz aufgezeigt werden. Auf die Frage, wie der Dreisatz methodisch-didaktisch bei den Kindern eingeführt werden könnte, kann im Rahmen dieses Buches nicht eingegangen werden.

Anhang
Reizvolle Aufgaben

Bruchrechnen in der Zeit erleben – Musik

Im Vorangegangenen haben wir uns auf der Handlungsebene in erster Linie mit Phänomenen des Bruches und Bruchrechnens im Raum befasst. Es ist jedoch auch möglich, Brüche und sogar Bruchrechnen in der Zeit zu erleben.

Solange wir es mit räumlichen Dimensionen zu tun haben, haben wir es mit dem Physischen bzw. physischen Leib zu tun. Bewegen wir uns in der Zeit, haben wir es mit dem Ätherischen oder dem Ätherleib zu tun. Der Ätherleib wird oft auch der Lebensleib genannt. Alle Pflanzen, Tiere und Menschen besitzen, als belebte Wesen, diesen „Leib" bzw. dieses Kräfte- oder Energiefeld. Diese Wesen leben in der Zeit, sie verwandeln sich in der Zeit, sie werden geboren und sterben. Alles, was auf der Erde als „lebendig" bezeichnet wird, lässt sich nur in der Zeit denken, auch wenn die Zeit für das einzelne Wesen unterschiedlich bemessen sein kann. So wie sich unser Gesicht vom Säuglingsalter bis hin zum alten Menschen in einem ständigen Wandel befindet und daher abhängig ist von der Zeit, so ist es die Pflanze vom Keim bis zum Verwelken ebenfalls.

Bei der Musik handelt es sich um eine Kunst, die in der Zeit stattfindet. Anders als eine Plastik, die eben dort steht und zu jeder Zeit betrachtet werden kann, erklingt Musik nur im Moment. Kaum ist ein Ton erklungen, ist er auch schon wieder verklungen. Daher spielt bei der Notation von Musik die Zeit immer eine wesentliche Rolle, damit der Musiker weiß, wie lange ein Ton – *im Verhältnis* zum nächsten Ton – erklingen soll: Ganze, Halbe, Viertel, Triole, Sechzehntel. Eine halbe Note wird nur halb so lange gespielt wie eine ganze Note, eine Viertel nur halb so lang wie eine Halbe etc. Schon hier haben wir es im Grunde mit Bruch*rechnen* zu tun: $\frac{1}{2} \cdot \frac{1}{2} = \text{Note} = \frac{1}{4}$ Note. Zwei Achtel sind so lang wie eine Viertel $\frac{1}{8} + \frac{1}{8} = \frac{1}{4}$. Einen vier Viertel-Takt (also ein Ganzes) kann man aufteilen in: 4 Viertel, 2 Viertel und vier Achtel, 3 Viertel und 4 Sechzehntel etc.:

$$1 = \frac{4}{4} = \frac{2}{4} + \frac{4}{8} = \frac{3}{4} + \frac{4}{16} = \frac{1}{4} + \frac{2}{8} + \frac{4}{16} + \frac{2}{8} \dots$$

Kinder, die bereits ein Instrument spielen und Noten gelernt haben, werden diese Phänomene kennen.

142

Wie könnte man das Erleben von Brüchen in der Zeit innerhalb der Klasse veranschaulichen, d.h. erlebbar machen? Man könnte z.b. 4 Gruppen bilden, die eine Gruppe klatscht die Ganzen, die zweite Gruppe die Halben, die dritte die Viertel und die vierte die Achtel. Dadurch erleben die Kinder in der Zeit, dass Achtel viel kürzer sind als z.b. Halbe. Das unterstützt noch einmal auf einer ganz anderen Ebene die Grundvorstellung, dass „große Zahl" (hier Achtel) „wenig", bzw. in diesem Falle „wenig Zeit" bedeutet. Diese Grundübung lässt sich auf viele Arten variieren. Einen Wert für das Bruchrechnen haben diese Übungen insbesondere dann, wenn man die Erlebnisse, die man daran haben kann, durch entsprechende Gespräche in das Bewusstsein der Schüler hebt.

Für eine weitere Grundvorstellung könnten derartige Rhythmusübungen hilfreich sein: Bei der Addition von Brüchen ist zu beachten, dass die Zähler nicht addiert werden. Die Vorstellung, dass ein Achtel plus ein Achtel ein (oder zwei) Sechzehntel sei, kommt beim Musizieren gar nicht auf. Zwei Achtel Noten sind eben eine Viertel Note und nicht zwei Sechzehntel. Da im 4. Schuljahr gewöhnlich im Musikunterricht das Notieren der Noten bzw. Notenwerte eingeführt wird, bietet sich eine Zusammenarbeit mit den Musiklehrerinnen an!

Vorstellungen zum Bruchrechnen

Das folgende Arbeitsblatt[39] wurde von Susanne Prediger, Professorin an der mathematischen Fakultät der Universität Dortmund entwickelt, um zu untersuchen, welche Vorstellungen Kinder über das Operieren mit Brüchen entwickelt haben.

Es kann vielleicht Anregung für Unterrichtsgespräche oder die Gestaltung eigener Arbeitsblätter sein. Versucht man selbst diese Seite zu bearbeiten, können einem auch die eigenen Vorstellungen zum Bruchrechnen bewusst werden.

Wie stellst Du Dir das Umgehen mit Brüchen vor?

1. Wie würdest Du Deiner achtjährigen Nachbarin erklären, was 2/5 sind? Findest Du auch einen zweiten Weg? (z. B. ein Bild, eine Situation, ...)

2. Selim behauptet, dass $\frac{2}{3}$ genau so groß ist wie $\frac{4}{6}$, aber Maja glaubt ihr das nicht. Kannst Du ein Bild malen oder eine Situation beschreiben, die das erklärt? Kennst Du noch zwei andere Brüche, die denselben Wert haben?

   Selim: $\frac{2}{3} = \frac{4}{6}$ HÄ?? Maja

3.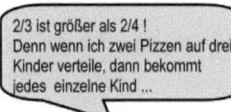

   2/3 ist größer als 2/4 ! Denn wenn ich zwei Pizzen auf drei Kinder verteile, dann bekommt jedes einzelne Kind ...
   Gülüm

   Leider wurde Gülüm unterbrochen. Kannst Du zu Ende erklären, was Gülüm meint? Vergleiche auch zwei schwierige Brüche, welcher größer ist? Erkläre auch, warum du die Brüche für schwieriger hältst.

4. In einer Pizzeria teilen sich 5 Kinder 3 Pizzen. Kevin sagt, dann bekommt jeder 3/5 Pizza. Martin wundert sich.

   Aber wir teilen doch durch Fünf, wieso bekommt dann nicht jeder 1/5?
   Martin

   Wer hat Recht? Was ist der Denkfehler des anderen?

5. Anna sagt, der schraffierte Teil ist ein Sechstel des ganzen Rechtecks. Erkläre, was sie sich wohl gedacht hat, und wieso das noch nicht ganz stimmt.

6. In einer Lostrommel beim Klassenfest der 6b sind noch 18 Lose. 2/3 davon sind Nieten. Wie viel Nieten sind in der Lostrommel? Erkläre, wie Du das ausgerechnet hast.

7. Denke Dir eine Situation oder eine Textaufgabe aus, die zu der Rechnung 2/3 · 3/4 passt und rechne aus.

8. Laris wundert sich. Wieso wundert er sich wohl? Hat er Recht?

   Hä? Wieso ist das Ergebnis von 2/3 · 3/4 kleiner als 2/3 und 3/4?
   Laris

   Kannst Du es ihm erklären, woran das liegt? (Vielleicht hilft Dir dabei Aufgabe 7!)

9. Chu baut ein Puppenhaus. Die Wand des Puppenhauses soll 4/5 m hoch werden. Sie wird aus kleinen Latten gebaut, die 1/10 m breit sind. Welche Rechnung muss man wählen, um herauszubekommen, wie viel Latten übereinander genagelt werden müssen? Kreuze an und begründe.

   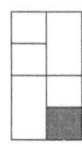

   ☐ $\frac{4}{5} - \frac{1}{10}$ ☐ $\frac{4}{5} \cdot \frac{1}{10}$

   ☐ $\frac{4}{5} : \frac{1}{10}$ ☐ $\frac{1}{10} : \frac{4}{5}$

10. Suche eine Situation oder eine Textaufgabe, die zu der Rechnung 21 : ¾ passt.

3 Pizzen an 4 Kinder verteilen

Gerne wird das Bild der Pizza zur Veranschaulichung von Brüchen genommen. Anstatt der realen Pizzen kann man dafür auch rundes Papier nehmen, für manche Lösungswege wäre das sogar sehr zu empfehlen... Das Reizvolle an dieser Aufgabe ist, dass es verschiedene Lösungswege und – im realen Leben – Ergebnisse gibt, selbst wenn mathematisch am Ende immer $\frac{3}{4}$ als Ergebnis herauskommt. Rein rechnerisch handelt es sich um die Aufgabe: $3 : 4 = \frac{3}{4}$.

In den nachfolgenden Abbildungen symbolisieren die vier verschiedenen Farben jeweils ein Kind bzw. zeigen, was jedes einzelne Kind erhält. Um die Unterschiede im Ergebnis noch deutlicher herauszuarbeiten, gehen wir davon aus, dass es sich um drei unterschiedliche Pizzasorten handelt.

Lösung 1

Wir zerteilen alle 3 Pizzen in 4 gleich große Teile und jedes Kind bekommt von jeder Pizza ein Viertel.

Man sieht: Am Ende hat jedes Kind 3 Viertel Pizza und kann jede Pizza probieren. Mathematisch betrachtet haben wir jedes einzelne Ganze mit 4 erweitert:

$1 + 1 + 1 = \frac{4}{4} + \frac{4}{4} + \frac{4}{4}$

Lösung 2

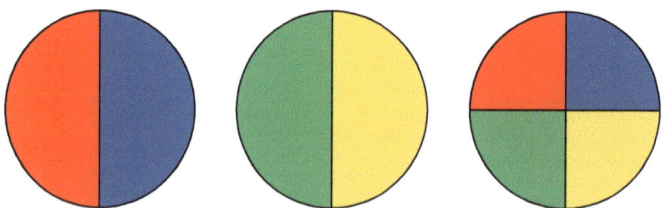

Bei der zweiten Möglichkeit zerteilen wir 2 Pizzen in Halbe und die 3. Pizza in Viertel.

Jedes Kind bekommt eine halbe Pizza und zusätzlich noch ein Viertel. Jedes Kind hat nun nur zwei verschiedene Pizzen bekommen, von der einen ein halbes Stück, von der zweiten ein Viertel.

Mathematisch betrachtet haben wir folgendermaßen erweitert:

$$1 + 1 + 1 = \frac{2}{2} + \frac{2}{2} + \frac{4}{4}$$

Lösung 3

Aus jeder Pizza wird ein Viertel herausgeschnitten.

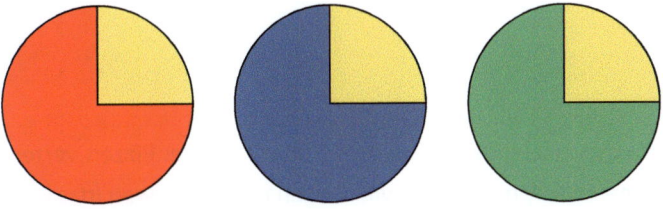

Drei Kinder bekommen drei Viertel von einer Pizza und das vierte Kind bekommt die drei übrig gebliebenen Pizzastücke. Das vierte Kind kann also von allen drei Pizzen probieren.

Hier haben wir nicht erweitert, sondern die Ganzen jeweils aufgeteilt:

$$1 + 1 + 1 = \left(\frac{3}{4} + \frac{1}{4} \right) + \left(\frac{3}{4} + \frac{1}{4} \right) + \left(\frac{3}{4} + \frac{1}{4} \right)$$

Lösung 4

Diese Lösung ist für echte Pizzen nicht zu empfehlen… Mit Papier kann man sie aber durchaus ausführen. Dazu werden alle drei Papiere aufeinandergelegt und gleichzeitig in Viertel geschnitten.

Die Lösung ist sehr ähnlich zu der 1. Lösung. Wieder können alle Kinder von „allen Pizzen probieren".

Bei der ersten Lösung haben wir jedoch jede einzelne Pizza zerteilt, also 1 mit 4 erweitert, bei dieser Lösung haben wir 3 mit 4 erweitert, also:

$3 = \frac{12}{4}$

Lösung 5

Wir haben vier verschiedene Pizzen. Da aber nur drei Pizzen verteilt werden sollen, nehmen wir von jeder der vier Pizzen ein Viertel weg (das könnte ja anderweitig verteilt werden).

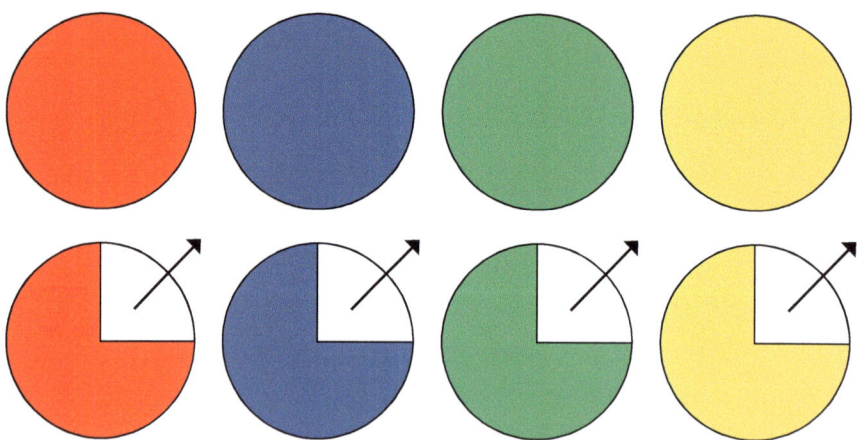

Jedes Kind erhält jetzt drei Viertel von einer Pizza, alle vier Kinder können also nur jeweils von einer Pizza essen.

Wundersame Teilung

Eine sehr schöne Geschichte ist die folgende:

Als der alte Scheich im Sterben lag, rief er seine drei Söhne zu sich und sagte: „Meine Tage sind gezählt und ich habe euch kommen lassen, um meinen letzten Willen kund zu tun. Das Wertvollste, was ich besitze, meine 17 Kamele, sollen nach meinem Tode wie folgt aufgeteilt werden: Du Achmed, du bist der Älteste, deshalb erhältst du die Hälfte der Herde. Du Mohamed, mein zweiter Sohn, erhältst ein Drittel der Herde und du Ali, mein jüngster Sohn, sollst ein Neuntel der Herde erhalten". Kurz darauf verstarb der alte Scheich, und da ging auch schon das Gezanke los. Wie sollten die drei Brüder auch eine Herde von 17 Kamelen durch 2, 3 oder 9 teilen können?

–

Man kann die Schüler, wenn man es ihnen denn zur Aufgabe geben möchte, erst einmal eine Weile knobeln lassen. Dann nähert sich die Lösung:

Das Ganze schien in einer richtigen Rauferei zu enden, als plötzlich eine Staubwolke am Horizont sichtbar wurde. Ein Derwisch auf einem Kamel näherte sich.

„Hört meine Worte! Ich komme aus der heiligen Stadt Mekka, wo mir eine innere Stimme sagte, dass ich zu euch eilen solle, weil ihr meine Hilfe braucht. Nehmt mein Kamel und teilt jetzt brüderlich!"

Nun ist man der Lösung einen wesentlichen Schritt näher.

Jetzt bestand die Herde aus 18 Kamelen und endlich konnte man nach dem letzten Willen des alten Scheichs teilen. Achmed, der Älteste, erhielt die Hälfte der Herde, also 9 Kamele (18 : 2 = 9) , Mohamed, der Zweite, erhielt ein Drittel, das waren 6 Kamele (18 : 3 = 6) und Ali, der Jüngste, erhielt zwei, was einem Neuntel der Herde entsprach (18 : 9 = 2). So und jetzt kommt das große Wunder: 9 plus 6 plus 2 = 17. Siehe da, ein Kamel blieb übrig. Die Brüder bedankten sich beim Derwisch und gaben ihm das Kamel zurück, und dieser ritt wieder nach Mekka zurück.[40]

Wie kann man das verstehen? Machen wir uns noch einmal klar, was der alte Scheich gesagt hatte:

Er hatte gesagt: $\frac{1}{2}$ + $\frac{1}{3}$ + $\frac{1}{9}$ der Herde. Die Herde ist eine ganze Herde, also auf ein Ganzes bezieht sich diese Aussage. In der Herde sind 17 Kamele. Daher könnte die Aussage auch wie folgt verstanden werden: $\frac{1}{2}$ von 17 und $\frac{1}{3}$ von 17 und $\frac{1}{9}$ von 17 ($\frac{1}{2}$ · 17 + $\frac{1}{3}$ · 17 + $\frac{1}{9}$ · 17). So haben es die Söhne auch verstanden und keine Lösung gefunden.

Jetzt rechnen wir einmal die genannten Anteile zusammen. Da es sich um die Addition ungleichnamiger Brüche handelt, müssen wir zunächst gleichnamig machen, der gemeinsame Nenner ist 18.

$$\frac{1}{2} + \frac{1}{3} + \frac{1}{9} = \frac{9}{18} + \frac{6}{18} + \frac{2}{18} = \frac{17}{18}$$

Das bedeutet, zu einem Ganzen fehlt noch 1/18, sprich ein Kamel. Der alte Scheich hat sich in seinen Angaben der Bruchteile nicht auf 17 Kamele bezogen, sondern auf 18, wohl wissend, dass dann 1 Kamel niemandem zugesprochen wird, also „übrig bleibt" und nur die vorhandenen 17 verteilt werden müssen.

Handlungsaufgaben – Gemischte Tüte

Nachfolgend ein paar Handlungsaufgaben, die dazu anregen möchten, selbst weitere Handlungsaufgaben für die Kinder zu erfinden. Führt man diese Aufgaben durch, ohne eine bestimmte Rechenart einführen zu wollen etc., dann schulen sie ein bewegliches Denken am Konkreten. Unter der Handlungsaufgabe ist die jeweilige Rechenaufgabe und in Klammern das Ergebnis notiert.

Was muss ich zu zwei Achteln addieren, damit ich neun Sechzehntel erhalte?

$$\frac{2}{8} + ? = \frac{9}{16} \quad (\frac{5}{16})$$

Was erhalte ich, wenn ich von drei Vierteln 5 Achtel wegnehme?

$$\frac{3}{4} - \frac{5}{8} = ? \quad (\frac{1}{8})$$

Wie viel sind zwei Drittel von neun Sechzehntel?

$$\frac{2}{3} \cdot \frac{9}{16} = ? \quad (\frac{6}{16})$$

Wie viel von drei Vierteln passen in ein Achtel?

$$\frac{1}{8} : \frac{3}{4} = ? \quad (\frac{1}{6})$$

Auf wie viele habe ich ein Halbes verteilt, wenn jeder ein Sechzehntel erhält?

$$\frac{1}{2} : ? = \frac{1}{16} \quad (8)$$

Was muss ich von sieben Achteln wegnehmen, wenn ich noch neun Sechzehntel übrig haben will?

$$\frac{7}{8} - ? = \frac{9}{16} \quad (\frac{5}{16})$$

Wie oft sind drei Sechzehntel in drei Vierteln enthalten?

$$\frac{3}{4} : \frac{3}{16} = 4$$

Welche Zahl/Bruch ist in fünf Achteln zehnmal enthalten?

$$\frac{5}{8} : \frac{1}{16} = 10$$

Welche Zahlen/Brüche sind in drei Vierteln sechsmal enthalten?

$$\frac{3}{4} : ? = 6 \quad (\frac{2}{16} \text{ oder } \frac{1}{8}, \text{ wenn man die Würfel nimmt})$$

Wie oft sind drei Sechzehntel in einem Viertel enthalten?

$$\frac{1}{4} : \frac{3}{16} = ? \quad (1\frac{1}{3})$$

Rechenmaterial

Die Frage nach dem geeigneten Rechenmaterial stellt sich gerade dann, wenn man viele unterschiedliche Gesichtspunkte des Bruchrechnens veranschaulichen möchte. An verschiedenen Stellen wurde in diesem Buch bereits darauf eingegangen. Die Auswahl des geeigneten Anschauungsmaterials ist immer abhängig davon, an welcher Stelle im Unterricht man steht und welche Ziele man hat.

Zwei- und dreidimensional – Bruchrechenwürfel, Legosteine, Papier

Zwischen zwei- und dreidimensionalem Rechenmaterial besteht durchaus ein Unterschied. Bei einer Pizza handelt es sich um einen flächigen, daher *eher* zweidimensionalen Gegenstand, bei einem Apfel haben wir es mit einem deutlich dreidimensionalen, also kugeligen Gegenstand zu tun.

Bei Papier haben wir es auch mit Flächen zu tun, bei den Würfeln mit drei-dimensionalen Gegenständen.

Es ist ein Unterschied, ob wir eine Scheibe oder eine Kugel in der Hand halten, so wie es ein Unterschied ist, ob wir ein Rechteck zeichnen oder einen Kubus in der Hand ertasten. Es könnte – gerade für Kinder, die es nicht so leicht haben zu begreifen – eine Hilfe sein, wenn sie mit etwas richtig „Greifbarem" wie den Bruchrechenwürfeln arbeiten können. Sie machen Erfahrungen mit unter-schiedlichem Volumen und Gewicht bezogen auf Brüche. Der ganze Holzklotz hat mehr Volumen und wiegt auch mehr als das Sechzehntel.

Die Veranschaulichung des Bruchrechnens mit dreidimensionalem Material spricht insbesondere den Tast-, Bewegungs- und Gleichgewichtssinn auf eine direktere und intensivere Weise an, als es Papier oder flächige Gegenstände tun. Gerade beim „Abwägen", das mit Bruchrechenwürfeln aus Holz möglich ist, haben wir es mit einer ausgesprochenen Tätigkeit des Gleichgewichtssinns zu tun.

Hinweise zum Erwerb von Bruchrechenwürfeln finden sich auf meiner Website www.antje-bek.de

Geeignet zum Bruchrechnen sind auch Lego-Steine, die bei vielen Kindern im Haushalt vorhanden sind. Es ist ein übersichtliches und dreidimensionales Rechenmaterial. Es könnte sich für die Schule eignen, aber auch dann, wenn die Kinder zuhause Aufgaben lösen sollen, für die sie Anschauungsmaterial benötigen. Ob man sich mit diesem Material anfreunden möchte, muss jede Lehrerin selbst entscheiden.

Beim Papier gehen wir bereits stärker in Richtung „ikonisieren", wir können z.B. die zerschnittenen Bruchteile auch in das Heft einkleben und beschriften. Das bedeutet, dass es eine sehr gute Möglichkeit zur Veranschaulichung ist, wenn die Kinder immer bewusster für das werden sollen, was sie handelnd vollzogen haben.

Arbeitet man mit drei- und „zweidimensionalem" Anschauungsmaterial, dann hat man Abwechslung in der Methode und kann die unterschiedlich gestimmten Kinder auf verschiedenen Ebenen ansprechen. Außerdem kann dadurch auch der Vorstellung entgegen gewirkt werden, dass Halbe rot und Achtel blau sind, wie es bei den Würfeln aus gutem Grund der Fall ist. Zur rechten Zeit Abwechslung in das Anschauungsmaterial zu bringen, beugt verfestigten, einseitigen Vorstellungen vor und fördert ein bewegliches Denken.

Runde Formen – Pizzen, Torten,...

Für das Bruchrechnen bieten sich runde Formen auf den ersten Blick besonders gut an. Nehmen wir den Bruchteil einer runden Form, dann lässt sich relativ leicht bestimmen, welchen Anteil des Ganzen wir haben.

Im Vergleich

Wir wissen bei dem Kreissegment auf Anhieb, dass es sich um ein Viertel handelt, weil wir uns das Viertel unbewusst zum Ganzen, d.h. zum Kreis ergänzen. Daher macht rundes, ggf. farbiges Papier an vielen Stellen im Unterricht Sinn. Bei der eckigen Form brauchen wir eine Bezugsgröße, um zu wissen, was es ist. Es könnte ein Ganzes sein, aber auch ein Halbes, ein Viertel, ein Achtel etc. von einem größeren Ganzen.

Wie ist es mit Pizzen und Torten? Wenn wir die Bedeutung der enaktiven Ebene betrachten, dann wird es wohl eine Ausnahme sein, dass wir tatsächlich Lebensmittel in die Klasse bringen, diese dann dort zerteilen und anschließend auch verzehren oder verschenken oder... Das Gleiche gilt, wenn auch nicht rund, für Schokolade.

Die Frage bleibt, ob man beim Ikonisieren, also beim Tafelanschrieb oder bei Zeichnungen im Heft, stets Nahrungsmittel zur Veranschaulichung benötigt oder nimmt. Das kann dann Sinn machen, wenn man einen Bezug des Bruchrechnens zu Alltagssituationen herstellen möchte. Ansonsten ist es vielleicht angebracht, bewusst mit der Frage umzugehen, ob man für die Kinder das Bruchrechnen auf die Dauer mit dem Bild des Zerteilens von Nahrungsmitteln in Zusammenhang bringen möchte. Inwiefern dann auch Appetit auf Erdbeerkuchen, Pizza oder Schokolade geweckt wird, sei eine noch ganz andere Frage...

Sonstige Formen – Papier

Papier bietet sich einfach immer dann hervorragend an, wenn man unterschiedliche Formen und auch Anteile darstellen möchte. Es gibt rundes und quadratisches farbiges Papier. Auch normales DIN A4-Papier kann man gut nehmen. Papier kann gefaltet und zudem auch zerschnitten werden, wodurch gerade das Erweitern oder bei bestimmten Aufgabenstellungen auch die Multiplikation und Division sehr gut auf der enaktiven Ebene *erlebt* werden können.

Benutzt man Papierstreifen, dann lassen sich auch ungewöhnlichere Bruchteile wie z.B. Fünftel oder Fünfzehntel einfach herstellen. Auf diese Weise muss man nicht nur bei Vierteln, Achteln... oder Dritteln, Sechsteln... bleiben.

Auch Dreiecke lassen sich leicht herstellen und daraus wiederum Bruchteile. Papier ist bezogen auf die Form und auch die unterschiedlichen Größen von Brüchen am flexibelsten. Zudem kann es in der Tat *zer*teilt werden.

Papier mit Rechenkästchen eignet sich sehr gut, wenn man rechteckige Formen nimmt und diese genau teilen, aufteilen oder zerteilen bzw. Bruchteile genau bestimmen will. Man kann Kästchenpapier allerdings auch dann sehr gut verwenden, wenn man andere eckige Formen nehmen und Anteile bestimmen möchte: Welcher Anteil ist in der Abbildung gefärbt? Es sind 5/13 gefärbt.

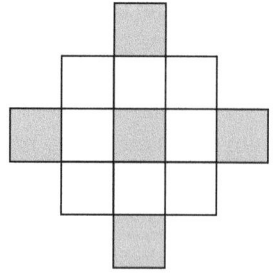

Differenzieren

Das Thema „Differenzieren" begleitet Klassenlehrerinnen ständig, im Mathematikunterricht allerdings ganz besonders offensichtlich und dringlich. Es können an dieser Stelle keine allgemeingültigen Hinweise gegeben werden, da die Situation von Klasse zu Klasse und von Kind zu Kind sehr unterschiedlich sein kann. Im Folgenden sollen daher lediglich Gesichtspunkte genannt werden, die vielleicht für die Praxis eine Hilfe sein können.

Bruchrechnen und das Einmaleins/Einspluseins

An dieser Stelle sollen lediglich für das Bruchrechnen bedeutsame Gesichtspunkte aufgezeigt werden. Praktische Hinweise zum Einführen/Erlernen des Einmaleins und Einspluseins finden sich auf meiner Website www.antje-bek.de

Grundvoraussetzung für das Bruchrechnen ist die Beherrschung des Einmaleins sowie Einspluseins. Das Einmaleins wird für alle Vorgänge des Kürzens und Erweiterns benötigt, außerdem für die Multiplikation und Division von Brüchen. Für das Kürzen ist – neben dem gedächtnismäßigen Beherrschen der Einmaleins-Aufgaben – auch die Kenntnis der Einmaleins-Reihen eine gute Voraussetzung, wenn der gemeinsame Teiler von zwei, drei oder mehr Zahlen gesucht wird. Die Kinder müssen erkennen können, in welcher Reihe zwei, drei oder mehr Zahlen vorkommen. Auch das Einspluseins ist eine Voraussetzung, wenn Additions- oder Subtraktionsaufgaben im Bruchrechnen durchgeführt werden.

Erfahrungsgemäß sind jedoch noch nicht alles Schüler in der vierten oder auch fünften Klasse sicher beim kleinen Einmaleins und Einspluseins. Es kann sein, dass sie zwar die Einmaleinsreihen hintereinander aufsagen können, aber die Einmaleinsaufgaben nicht auswendig wissen. Das führt dazu, dass sie bei jeder Aufgabe die Reihen hochzählen müssen und dafür Zeit brauchen. Wenn Schüler auch die Reihen noch nicht sicher beherrschen, dann benötigen sie zusätzliche Hilfen (z.B. eine Multiplikationstabelle), um überhaupt rein rechnerisch die Aufgaben bewältigen zu können.

Wird das Einspluseins nicht beherrscht, dann werden die Kinder vermutlich Zählstrategien entwickelt haben, um Rechenaufgaben zu lösen. Auch das braucht viel Zeit.

Liegt eine ausgesprochene Rechenschwäche, d.h. Dyskalkulie vor, dann ist auf jeden Fall eine individuelle Förderung bzw. Therapie außerhalb des Unterrichts notwendig. Wie mit dem betroffenen Kind im Unterricht umzugehen ist, bespricht man am besten mit der Förderlehrerin oder der Therapeutin/dem Therapeuten.

Liegt keine Dyskalkulie vor, sondern bestehen noch vereinzelte Unsicherheiten, dann können bzw. sollten die Einmaleinsaufgaben weiter geübt werden, das gleiche gilt für Aufgaben des Einspluseins. Das bedeutet, dass das Kopfrechnen, während man das Bruchrechnen einführt, ein wichtiger Bestandteil des Mathematikunterrichtes sein kann.

Bei schriftlichen Aufgaben und Arbeitsblättern kann es gerade für Schüler mit Unsicherheiten beim Einmaleins und Einspluseins Sinn machen, die Anforderungen an das Kopfrechnen (zunächst) bewusst niedrig zu halten. Schwerpunktmäßig geht es ja erst einmal darum, dass die Schüler überhaupt mit den neuen Rechen*wegen*, die ein anderes Denken als bisher erfordern, zurecht kommen. Wenn das jedes Mal daran scheitert, dass sie die damit verbundenen Kopfrechenaufgaben nicht lösen können, wird das schnell zu dem Eindruck führen: Ich kann Bruchrechnen nicht.

Dagegen werden sich Schüler, die mit dem Kopfrechnen keine Schwierigkeiten haben, darüber freuen, auch einmal rechnerisch anspruchsvollere Bruchrechenaufgaben gestellt zu bekommen!

Bruchrechnen und die Rechenoperationen

Für das Bruchrechnen sind Grundvorstellungen über das Addieren, Subtrahieren, Multiplizieren und Dividieren Voraussetzung. Die Kinder müssen also erlebt und anfänglich begriffen haben, was damit gemeint ist und wie die verschiedenen Rechenoperationen zusammenhängen.

Wenn ein Kind eine Additionsaufgabe, sagen wir z.B. 9 + 5 = 14, auswendig weiß bzw. im Kopf rechnen kann, müsste es daraus auch ableiten können, was 14 − 5 ist oder eine Strategie entwickelt haben, wie es das im Kopf rechnet. Den Kindern muss also klar sein, was eine Subtraktion ist und wie sie mit der Addition zusammenhängt.

Das gleiche gilt für Aufgaben des Einmaleins: Weiß ein Kind, dass 4 • 5 = 20 ist, dann könnte es von dort ausgehend auch wissen, wie viel 20 : 5 ist. Kinder, die z.b. die Einmaleinsaufgaben noch nicht beherrschen oder auch die Zusammenhänge zwischen Multiplikations- und Divisionsaufgaben noch nicht sicher handhaben können, helfen sich häufig, indem sie an den Fingern abzählen, wie oft die 5 in der 20 ist. Sie praktizieren das, was wir „Messen" nennen. Das braucht Zeit und bindet den Körper, in diesem Falle die Finger, an das Rechnen. Einer sinnlichkeitsfreien Mathematik steht das noch im Wege.

Fängt man in der Mathematik ein neues Thema an, dann ist das für Kinder, die an der einen oder anderen Stelle noch unsicher sind, immer auch eine Chance. Das gilt genau so für das Bruchrechnen. Beginnen wir die neuen Themen des Bruchrechnens immer auf der enaktiven und dann auch ikonischen Ebene, werden alle Rechenoperationen noch einmal sehr anschaulich wiederholt. Da sich die Kinder in der 4. Klasse befinden, können Zusammenhänge zwischen den einzelnen Rechenoperationen nun deutlicher durch die Sprache ins Bewusstsein gehoben werden, als es in der 1. oder 2. Klasse möglich war. (Zusätzlich zu den bereits genannten Zusammenhängen besteht auch einer zwischen der Addition und der Multiplikation sowie der Subtraktion und der Division.)[41]

Differenzieren und das EIS-Prinzip

Die Schüler können sich nun bezüglich des Umgangs mit den Rechenoperationen, aber auch beim Erlernen des Umgangs mit Brüchen darin unterscheiden, wie lange sie auf den jeweiligen Ebenen, enaktiv, ikonisch, symbolisch verweilen sollten oder wollen.

Es gibt Kinder, die länger und ausführlicher mit Rechenmaterial operieren, d.h. tatsächlich handelnd damit umgehen müssen, bis sie etwas begriffen haben.

Diesen Aspekt sollte man nicht zu gering einschätzen. Die ikonische Ebene ersetzt für diese Kinder den Lernvorgang, der so nur beim aktiven Handeln stattfinden kann, nicht! Das wird gerade deshalb so betont, weil wir in der Waldorfpädagogik berechtigterweise viel mit Bildern arbeiten, mit inneren und äußeren, z.B. an der Tafel. Das reicht beim Mathematikunterricht für viele Kinder jedoch nicht aus und ist zu Beginn des Buches versucht worden zu begründen.

Kindern, die die enaktive Ebene länger als andere Kinder benötigen, könnte man bei Arbeitsblättern immer anbieten, dass sie sich Material zu Hilfe nehmen können. Zu einem späteren Zeitpunkt können sie sich auch mit der ikonischen Ebene, d.h. zeichnend helfen.

Es gibt jedoch auch Schüler, denen die Handlungsebene schnell lästig wird, weil sie rasch „kapiert" haben und jetzt nicht einsehen, warum sie eine Aufgabe noch immer mit Material handelnd durchführen sollen, wenn sie doch schon längst wissen, wie man das rechnet. Hier hat man verschiedene Möglichkeiten:

- Man gibt den Schülern – wie bereits oben vorgeschlagen – rechnerisch anspruchsvollere Aufgaben.

- Die Schüler sollen Aufgaben erfinden, die man mit vorhandenem Material lösen kann. Da muss schon geknobelt werden, je nachdem, welches Material vorhanden ist. Das, was sie im Kopf schon wissen, müssen sie mit solchen Aufgaben auf die physischen Gegebenheiten „herunterbrechen". So üben auch sie das Denken am Konkreten.

- Die Schüler sollen „schwere" Aufgaben erfinden, die man rechnerisch bewältigen kann, d.h. die sie selbst noch lösen können. Das ist anspruchsvoll bei Additions- und Subtraktionsaufgaben mit ungleichnamigen Brüchen, bei allen Aufgaben des Kürzens oder dann, wenn auf einen gemeinsamen Nenner gebracht werden soll. (Die erfundenen und selbst gelösten Aufgaben könnten sie dann für andere Schüler an die Tafel schreiben.)

- Die Schüler sollen zu einer Rechenaufgabe eine Geschichte erfinden und diese als Text formulieren bzw. zeichnen.

- Die Schüler sollen eine Geschichte erfinden und dazu die passende Rechenaufgabe schreiben.

Zudem kann es für die ganze Klasse hilfreich sein, wenn man in einer Epoche, bei der zu Beginn zunächst bereits erarbeitete Kenntnisse wiederholt und schon einmal erworbene Fähigkeiten erneut aufgegriffen werden, wieder auf die enaktive oder/und ikonische Ebene zurückgreift. Das gleiche kann für einzelne Schüler während einer Epoche gelten, wenn in einem bestimmten Bereich wieder Unsicherheiten auftauchen. Der „Rückgriff" auf die Handlungsebene oder ikonische Ebene kann auf diese Weise – wenn es notwendig erscheint – an das schon einmal entwickelte *Verständnis* für bestimmte Rechenvorgänge oder auch Rechenergebnisse appellieren, vgl. das Kapitel „Alles ganz anders beim Bruchrechnen".

Die drei Ebenen „enaktiv, ikonisch, symbolisch" können also immer auch gleichzeitig im Unterricht anwesend sein und bieten in diesem Sinne eine ausgezeichnete Möglichkeit zur Differenzierung.

Begriffe beim Bruchrechnen

Die Einführung des Bruchrechnens bedeutet auch, dass die Kinder eine Fülle von neuen Begriffen kennen lernen. Im Folgenden eine Auflistung, die einen kurzen Überblick gibt. Welche Begriffe man wann oder überhaupt einführt, hängt von der Unterrichtsplanung ab.

- Bruch
- Bruchzahl
- Zähler
- Nenner
- Bruchstrich
- Echter Bruch
- Unechter Bruch
- Gemischte Brüche/Zahlen
- Stammbruch
- Gleichnamige Brüche
- Ungleichnamige Brüche
- Gleichwertige Brüche
- Kernbruch
- Gemeiner Bruch
- Dezimalbruch
- Erweitern
- Kürzen
- Kehrwert
- Größter gemeinsamer Teiler (ggT)
- Hauptnenner = Kleinstes gemeinsames Vielfache (kgV)

Bruchrechenwürfel – Kopiervorlagen

Anleitung zur Herstellung der Würfel

Man kann die Blätter als Kopiervorlage nehmen und dann auf etwas dickeres farbiges Papier drucken.

Da das Ganze (1/1) nicht auf eine DIN A5-Seite passt, muss man es auf zwei Seiten kopieren, die zwei Seiten passend zusammenfügen und erst dann ausschneiden. Bei Bedarf können die Vorlagen vergrößert oder verkleinert werden.

Man findet die Schnittmuster in Originalgröße (DIN A4) auch auf meiner Website www.antje-bek.de

$\dfrac{1}{1}$ 1. Teil

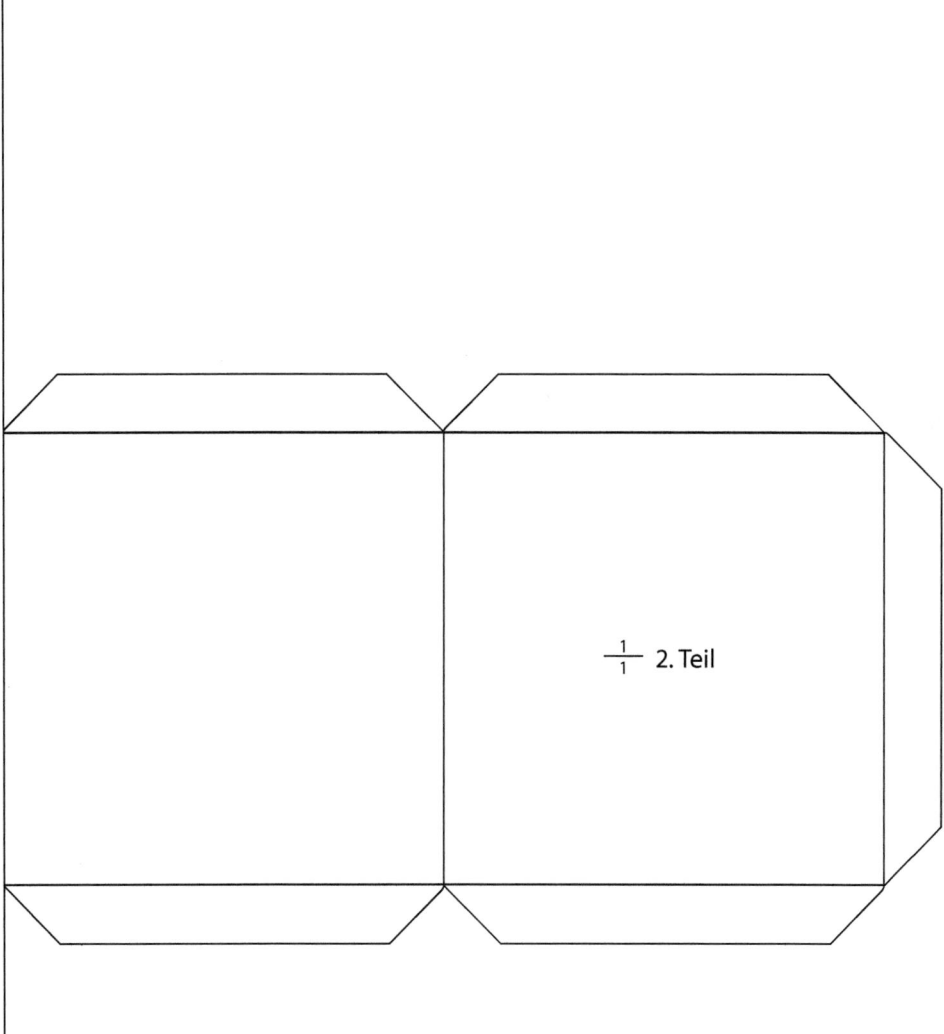

$\frac{1}{1}$ 2. Teil

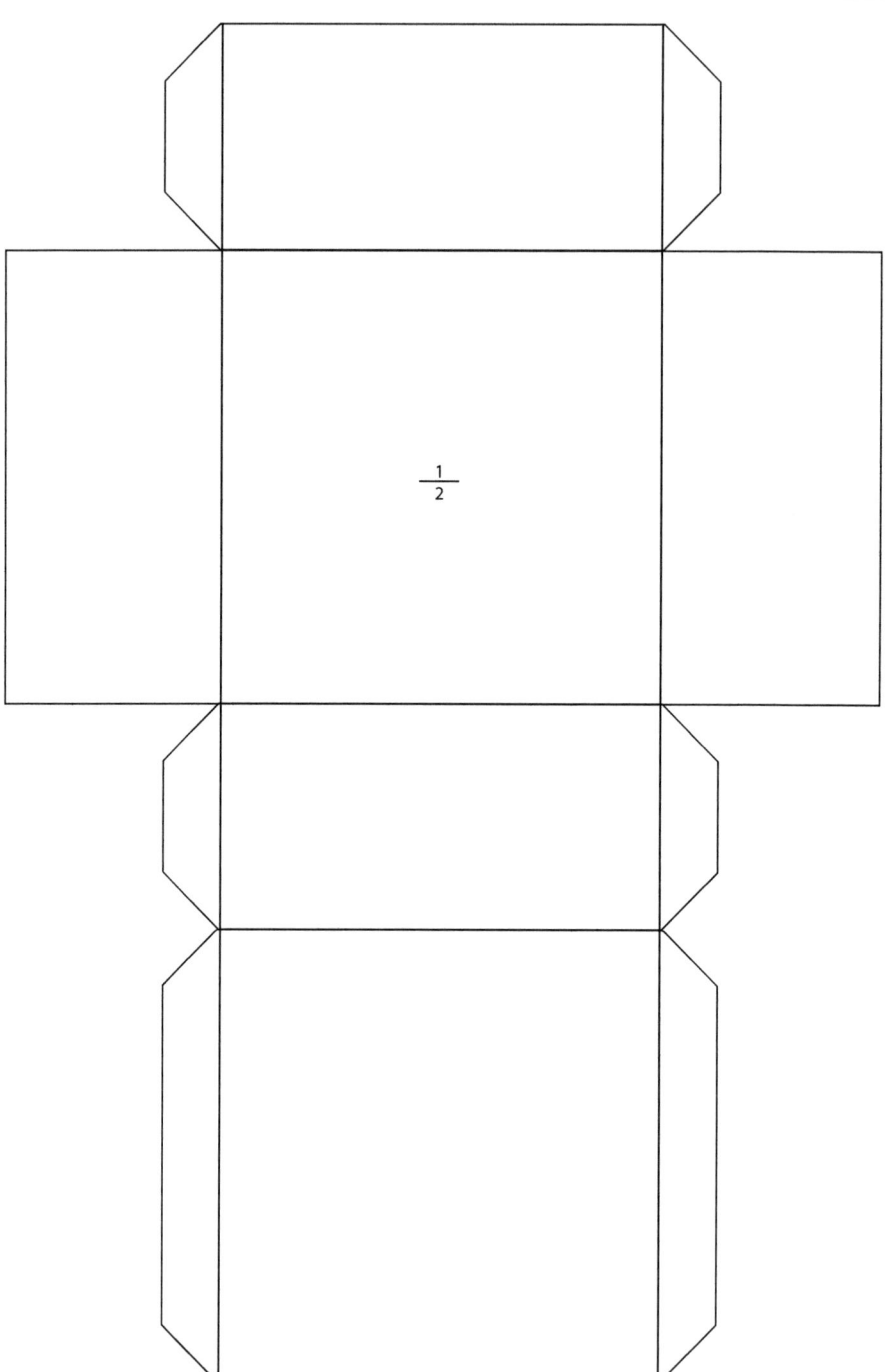

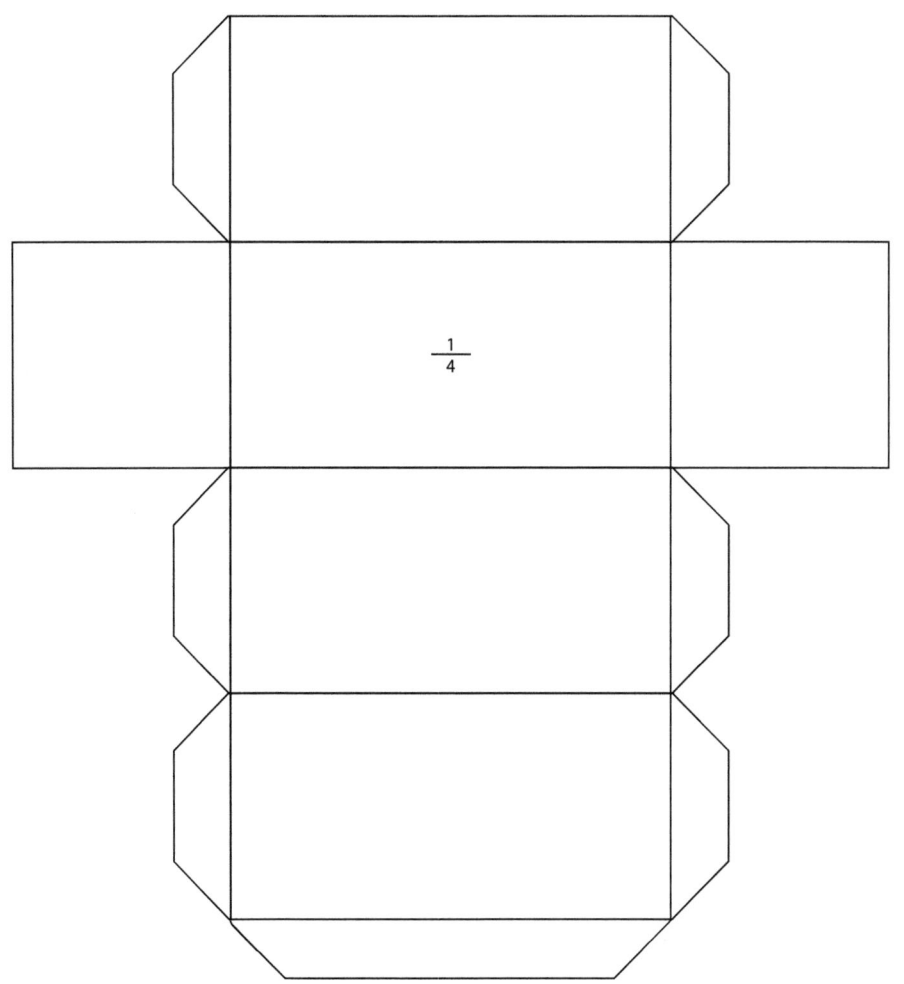

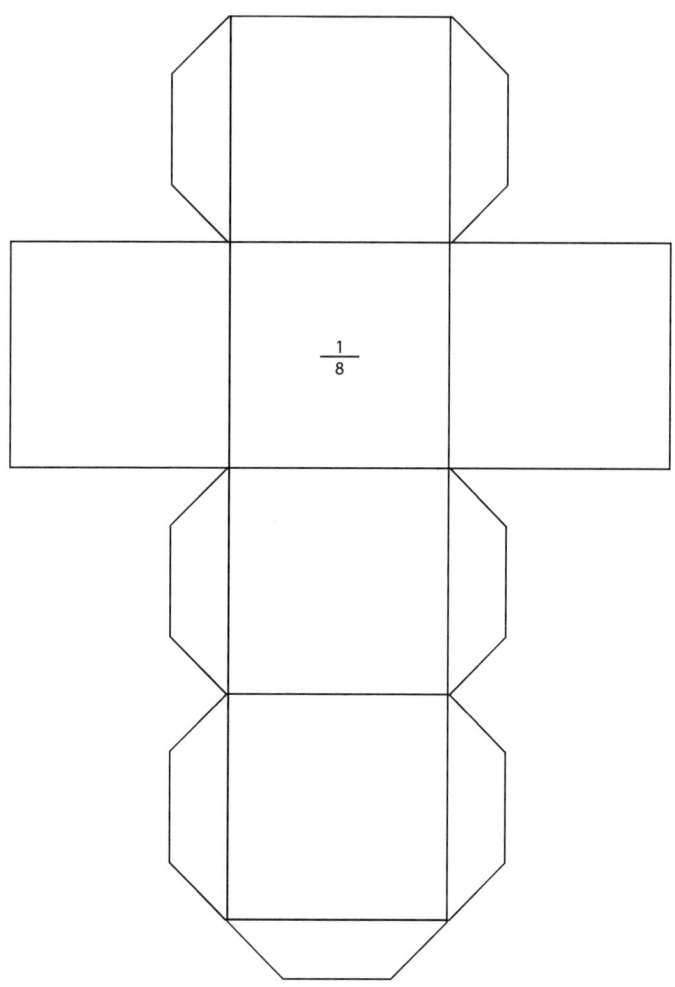

$$\frac{1}{8}$$

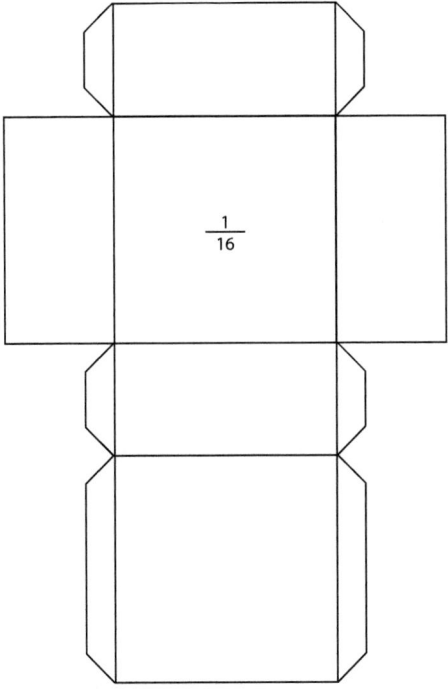

Danksagung

Neben den Studierenden des Waldorf Instituts Witten Annen, die bereits in der Einleitung erwähnt wurden, geht mein erster Dank an Reinhild Brass, die mich ermutigte, dieses Buch tatsächlich auch zu schreiben.

Mein herzlichster Dank geht an meine ehemaligen Kolleginnen und Kollegen am Waldorf Institut Witten Annen, die es mir ermöglicht haben, Zeit zum Schreiben dieses Buches zu finden und meine Aufgaben während dieser Zeit noch zusätzlich zu ihrer eigenen Arbeit übernommen haben.

Gerd Kellermann danke ich, weil er mir mit viel Sachverstand wertvolle Hinweise gegeben und Korrekturen geleistet hat. Er hat es auch ermöglicht, dass durch eine Spende der Willeke-Stiftung die Bruchrechenwürfel aus Holz hergestellt werden konnten.

Daniel Galiczak danke ich für das große Engagement, mit dem er die Zeichnungen in diesem Buch erstellt hat.

Meinen Kindern Julia, Dorian und Bettina danke ich, weil sie meine Arbeit mit ihren Ideen unterstützt haben.

Und zu guter Letzt Knut Rieniets und Ralph Engler von der Agentur HanseArt, die den Abschluss des Projektes mit ihrem großen Engagement erst ermöglicht haben.

Anmerkungen

1 Eva Lassnitzer & Michael Gaidoschik, Brüche in der Volksschule – und was Volksschullehrerlnnen darüber hinaus über Brüche wissen sollten. Theoretische Grundlagen und didaktische Anregungen für die vierte Schulstufe, Eva Lassnitzer & Michael Gaidoschik, Rechenschwäche Institut Wien Graz, Mai 2007, S. 2, http://www.recheninstitut.at/wp-content/uploads/2011/10/Was-Volksschullehrerlnnen-ueber-Brueche-wissen-sollten1.pdf

2 Rudolf Steiner, Die Erneuerung der pädagogisch-didaktischen Kunst durch Geisteswissenschaft. 14 Vorträge gehalten in Basel, 14. Vortrag am 11. Mai 1920, GA 301, S. 218

3 Geeignete Bücher sind z.b.:
mathe live 5, Mathematik für die Sekundarstufe I, Stuttgart 2014 (Klett-Verlag), Einführung ins Bruchrechnen auf enaktiver, ikonischer + symbolischer Ebene, interessante Aufgabenstellungen!
mathe live, 7 Mathematik für Sekundarstufe I, Stuttgart, Düsseldorf, Leipzig (Klett-Verlag), 2000, - ikonische und interessante symbolische Aufgaben-stellungen zum Erweitern, Kürzen, Vergleichen sowie zur Division von Brüchen, empfehlenswert

4 Rudolf Steiner, Erziehungskunst Seminarbesprechungen und Lehrplan-vorträge, 2. Lehrplanvortrag vom 6. September 2019, GA 295, S. 168

5 Die Erneuerung der pädagogisch-didaktischen Kunst durch Geisteswissen-schaft. 14 Vorträge gehalten in Basel, 14. Vortrag am 11. Mai 1920, GA 301, S. 218

6 ebd. 10. Vortrag vom 5. Mai 1920, S. 152

7 ebd. S. 153

8 ebd., S. 158

9 ebd. 14. Vortrag vom 11. Mai 1920, S. 218

10 Er nimmt hier Bezug auf Ausführungen während der 4. Seminarbespre-chung vom 25. August 1919, GA 295

11 Rudolf Steiner, Erziehungskunst Seminarbesprechungen und Lehrplan-vorträge, 2. Lehrplanvortrag vom 6. September 2019, GA 295, S. 168

[12] Die Erneuerung der pädagogisch-didaktischen Kunst durch Geisteswissenschaft. 14 Vorträge gehalten in Basel, 14. Vortrag am 11. Mai 1920, GA 301, S. 219

[13] Rudolf Steiner, Die Kunst des Erziehens aus dem Erfassen der Menschenwesenheit. Torquay 12. – 20. August 1924. 5. Vortrag vom 16. August 1924, GA 311, S. 83

[14] ebd.

[15] Bei mehrstelligen Zahlen taucht im Zusammenhang mit dem Stellenwertsystem ein ähnliches Phänomen bereits früher auf: Je nachdem, wo die „4" innerhalb einer Zahl steht, kann sie „Vier", „Vier-zig" oder „Vier-hundert" bedeuten.

[16] Mit „Symbolebene" sind Ziffern, Rechenzeichen, Klammern etc. gemeint

[17] Rudolf Steiner, Erziehungskunst Seminarbesprechungen und Lehrplanvorträge, 2. Lehrplanvortrag vom 6. September 2019, GA 295, S. 168

[18] Die Kunst des Erziehens aus dem Erfassen der Menschenwesenheit. Torquay 12. – 20. August 1924. 5. Vortrag vom 16. August 1924, GA 311, S. 89

[19] ebd.

[20] Christoph Kühl, Mathematik und die Sehnsucht nach dem Übersinnlichen, Zeitschrift Erziehungskunst, September 2015

[21] Eva Lassnitzer & Michael Gaidoschik, Brüche in der Volksschule – und was VolksschullehrerInnen darüber hinaus über Brüche wissen sollten. Theoretische Grundlagen und didaktische Anregungen für die vierte Schulstufe, Eva Lassnitzer & Michael Gaidoschik, Rechenschwäche Institut Wien Graz, Mai 2007, S. 5, http://www.recheninstitut.at/wp-content/uploads/2011/10/Was-VolksschullehrerInnen-ueber-Brueche-wissen-sollten1.pdf

[22] ebd.

[23] Rudolf Steiner, Menschenerkenntnis und Unterrichtsgestaltung, 3. Vortrag vom 14. Juni 1921, GA 302

[24] Manfred Spitzer, Die Smartphone Epidemie, Gefahren für Gesundheit, Bildung und Gesellschaft, Stuttgart 2018

25 ShayerM, Ginsburg D., Coe R., Thirty years on – a large anti-Fynn effect? The Piagetian test Volume & Heaviness norms 1975 – 2003. British Journal of Educational Psychology 2007; 77: S. 24 -41

26 Zitiert nach: Manfred Spitzer, Die Smartphone Epidemie, Gefahren für Gesundheit, Bildung und Gesellschaft, Stuttgart 2018, S. 319 - 320

27 Malle, Günther (2004): "Grundvorstellungen zu Bruchzahlen" In: Zeitschrift Mathematik lehren Nr. 123/2014, zit. n. Rafael Prospero: Zahlenverständnis – kritische Vorbemerkung, http://home.mathematik.uni-freiburg.de/didaktik/lehre/ws1213/ddaa/Kalenderwoche%2047%20WS%202012-13.pdf

28 Rudolf Steiner, Erziehungskunst Seminarbesprechungen und Lehrplanvorträge, 4. Seminarbesprechung vom 25. August 1919, GA 295, S. 40

29 Allerdings kann der Bruchstrich auch noch andere Bedeutungen haben, die später behandelt werden können:

1. $\frac{3}{4}$ kann bedeuten   3 von 4   Verhältnis
2. $\frac{3}{4}$ kann bedeuten   3 zu 4   Verhältnis
3. $\frac{3}{4}$ von einer Zahl X: Teile X durch 4, multipliziere mit 3   Operator
4. $\frac{3}{4}$ kann bedeuten   3 geteilt durch 4   Quotient

30 Rudolf Steiner, Die Kunst des Erziehens aus dem Erfassen der Menschenwesenheit, 5. Vortrag vom 16. August 1924, GA 311, S. 88 f.

31 Man könnte natürlich auch so rechnen:
$$2\frac{1}{2} \cdot \frac{1}{8} = \left(2 + \frac{1}{2}\right) \cdot \frac{1}{8} = 2 \cdot \frac{1}{8} + \frac{1}{2} \cdot \frac{1}{8} = \frac{2}{8} + \frac{1}{16} = \frac{4}{16} + \frac{1}{16} = \frac{5}{16}$$

32 Die Kunst des Erziehens aus dem Erfassen der Menschenwesenheit. Torquay 12. – 20. August 1924. 5. Vortrag vom 16. August 1924, GA 311, S. 89

33 Beim Erweitern bietet es sich an, dieses Zerteilen zunächst tatsächlich durchzuführen zu lassen, indem man im 1. Schritt dazu z.B. Papier verwendet und dieses dann zerschneiden lässt.

34 Selbst wenn sie auswendig aufgesagt werden kann, bedeutet es noch lange nicht, dass sie dann auch angewendet wird bzw. angewendet werden kann.

35 Rudolf Steiner, Erziehungskunst Seminarbesprechungen und Lehrplanvorträge, 2. Lehrplanvortrag vom 6. September 2019, GA 295, S. 168

36 Andreas Koepsell, Brüchen begegnen http://www.ffgleo.de/wb/media/ U-Materialien/Mathematik/Mathe-Welt/pdf/mw_62.pdf

37 Rudolf Steiner, Die Erneuerung der pädagogisch-didaktischen Kunst durch Geisteswissenschaft. 14 Vorträge gehalten in Basel, 14. Vortrag am 11. Mai 1920, GA 301, S. 219 f.

38 ebd.

39 Susanne Prediger, Vorstellungen zum Operieren mit Brüchen entwickeln und erheben – Vorschläge für vorstellungsorientierte Zugänge und diagnostische Aufgaben, Vorfassung des Artikels in Praxis der Mathematik in der Schule 48 (2006) 11

40 Stephan, Artur, Ägyptische Brüche https://www.wias-berlin.de/people/ stephan/egypt.pdf

41 vgl. Ernst Schuberth, Der Anfangsunterricht in der Mathematik an Waldorf-schulen, Stuttgart 2012

42 Rudolf Steiner, Die Erneuerung der pädagogisch-didaktischen Kunst durch Geisteswissen- schaft. 14. Vorträge gehalten in Basel, 14. Vortrag am 11. Mai 1920, GA 301, S. 232

Literaturverzeichnis

- Koepsell, Andreas Brüchen begegnen. http://www.ffgleo.de/wb/media/ U-Materialien/Mathematik/Mathe-Welt/pdf/mw_62.pdf

- Kühl, Christoph, Mathematik und die Sehnsucht nach dem Übersinnlichen, Zeitschrift Erziehungskunst, September 2015

- Eva Lassnitzer & Michael Gaidoschik, Brüche in der Volksschule – und was VolksschullehrerInnen darüber hinaus über Brüche wissen sollten. Theoretische Grundlagen und didaktische Anregungen für die vierte Schulstufe, Eva Lassnitzer & Michael Gaidoschik, Rechenschwäche Institut Wien Graz, Mai 2007, S. 2, http://www.recheninstitut.at/wp-content/uploads/2011/10/Was-VolksschullehrerInnen-ueber-Brueche-wissen-sollten1.pdf

- Malle, Günther, „Grundvorstellungen zu Bruchzahlen", in: Zeitschrift Mathematik lehren Nr. 123/2014, zit. n. Rafael Prospero: Zahlenverständnis – kritische Vorbemerkung, http://home.mathematik.uni-freiburg.de/didaktik/ lehre/ws1213/ddaa/Kalenderwoche%2047%20WS%202012-13.pdf

- Prediger, Susanne, Vorstellungen zum Operieren mit Brüchen entwickeln und erheben – Vorschläge für vorstellungsorientierte Zugänge und diagnostische Aufgaben, Vorfassung des Artikels in Praxis der Mathematik in der Schule 48 (2006) 11

- Schuberth, Ernst, Der Anfangsunterricht in der Mathematik an Waldorfschulen, Stuttgart 2012

- Shayer, M, Ginsburg, D., Coe R., Thirty years on – a large anti-Fynn effect? The Piagetian test Volume & Heaviness norms 1975 – 2003. British Journal of Educational Psychology 2007; 77: S. 24 -41

- Spitzer, Manfred, Die Smartphone Epidemie, Gefahren für Gesundheit, Bildung und Gesellschaft, Stuttgart 2018

- Steiner, Rudolf, Erziehungskunst Seminarbesprechungen und Lehrplan-vorträge, GA 295, 1984

- Steiner, Rudolf, Die Erneuerung der pädagogisch-didaktischen Kunst durch Geisteswissenschaft, GA 301, Dornach 1991

- Steiner, Rudolf, Menschenerkenntnis und Unterrichtsgestaltung, GA 302, Dornach 1992

- Steiner, Rudolf, Die Kunst des Erziehens aus dem Erfassen der Menschenwesenheit, GA 311, Dornach 1989

- Stephan, Artur, Ägyptische Brüche https://www.wias-berlin.de/people/stephan/egypt.pdf

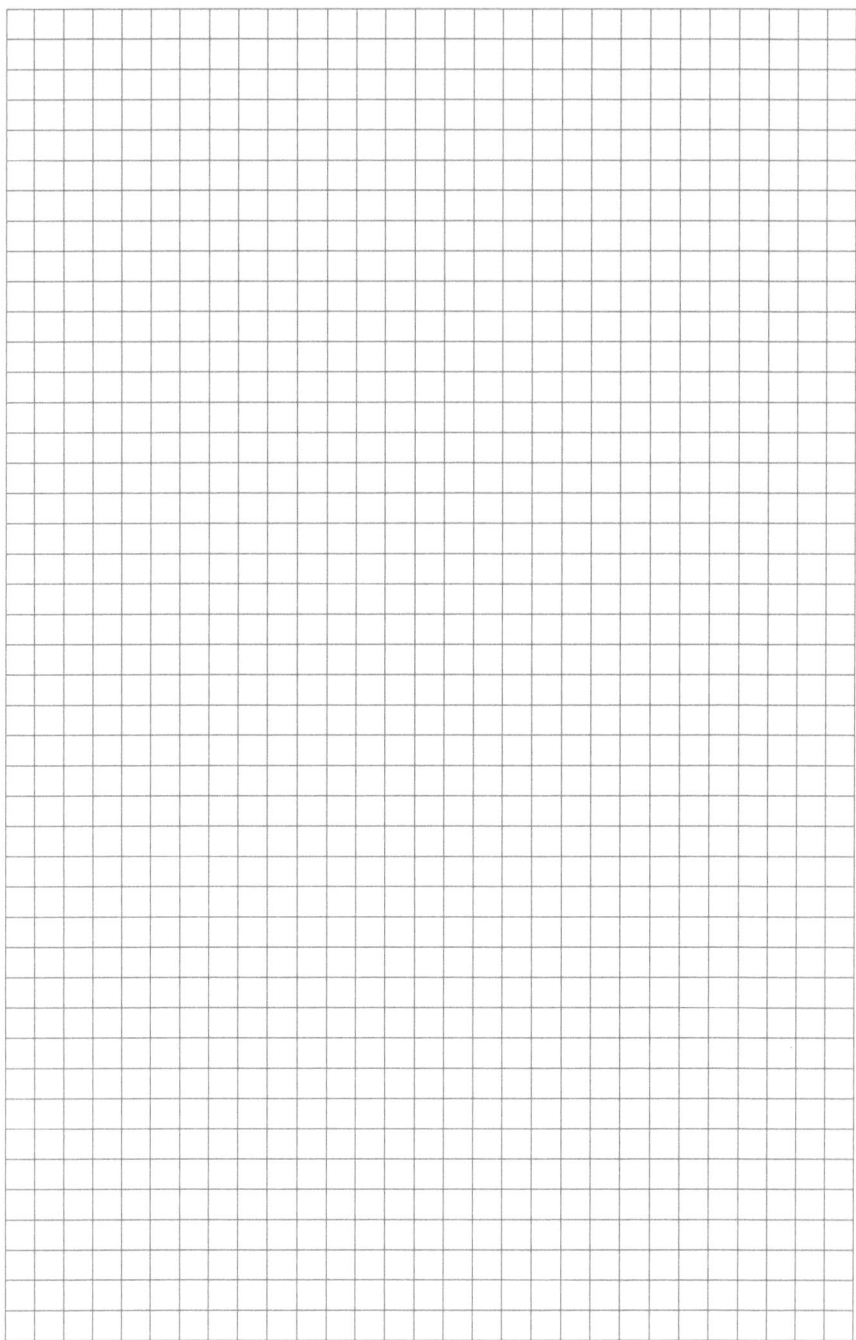